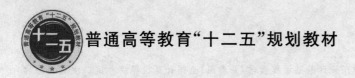普通高等教育"十二五"规划教材

程序设计基础

主编　王顺利

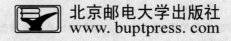北京邮电大学出版社
www.buptpress.com

内 容 简 介

本书主要是配合高等院校计算机程序设计基础课程教学,并参照《全国计算机等级考试二级 C 语言考试大纲》中"C 语言程序设计基本要求"编写而成的。

本书以 VC＋＋语言集成环境为教学平台,以计算思维和程序设计思想培养为主线,结合应用型人才培养特点,主要介绍了 C 语言程序设计的基础知识和基本方法以及 C＋＋编程的初步知识。全书共分 12 章,主要内容包括 C 程序入门、C 语言程序的三种基本结构(顺序结构、分支结构、循环结构)、数组与字符串、函数与指针、结构体与链表、其他数据类型、文件以及 C＋＋面向对象基础等。

本书"以实例为导向,以编程为驱动",注重内容的实用性、针对性和实际可操作性,层次分明、概念清晰、通俗易懂,实例丰富,且每章均提供了大量的习题和典型的操作项目供读者巩固所学内容。

本书可作为应用型本科院校、高职高专、成人高校理工科各专业计算机程序设计课程的教材,也可作为全国计算机等级考试(二级)的培训教材和自学参考书。

图书在版编目(CIP)数据

程序设计基础 / 王顺利主编 . -- 北京:北京邮电大学出版社,2014.9(2015.12 重印)

ISBN 978-5635-4100-3

Ⅰ. ①程… Ⅱ. ①王… Ⅲ. ①C 语言－程序设计－高等学校－教材 Ⅳ. ①TP312

中国版本图书馆 CIP 数据核字(2014)第 184711 号

书　　名:程序设计基础
主　　编:王顺利
责任编辑:刘春棠
出版发行:北京邮电大学出版社
社　　址:北京市海淀区西土城路 10 号(邮编:100876)
发 行 部:电话:010-62282185　传真:010-62283578
E-mail: publish@bupt.edu.cn
经　　销:各地新华书店
印　　刷:北京鑫丰华彩印有限公司
开　　本:787 mm×1 092 mm　1/16
印　　张:17.75
字　　数:440 千字
版　　次:2014 年 9 月第 1 版　2015 年 12 月第 2 次印刷

ISBN 978-5635-4100-3　　　　　　　　　　　　　　　　　定　价:36.00 元

前　言

　　"程序设计基础"是高等院校理工科相关专业的一门重要的专业基础课程。C 语言是目前国内外使用最广泛的一种计算机程序设计语言。它采用自顶向下、逐步求精的结构化程序设计技术,表达能力强,处理功能丰富,使用方便灵活,应用面广,执行程序效率高,可移植性好;同时具有高级语言和低级语言的许多优点,既适合编写系统软件,又适合编写应用软件。许多高等院校都选用 C 程序设计语言作为学生计算机编程的入门课程,其目的是培养学生的程序设计理念,掌握程序设计的基本方法,为后续的课程(数据结构、面向对象程序设计、网络编程、软件工程等)打下扎实的基础。由于其并不需要学生具有专门的计算机专业知识就可以学习,所以它不仅适合于计算机专业的学生,而且适合于非计算机专业的学生。

　　由于 C 程序设计语言的应用范围大,涉及的知识面广,规则较多,使用过于灵活,不易掌握,给学生的学习带来一定的困难。本书正是为很少甚至没有编程实际经验的大学生而编写的。

　　本书作为计算机程序设计技术基础入门教材,根据高等院校应用型人才培养的特点,以面向实际应用为目标,以计算思维和程序设计思想培养为主线,按照"以实例为导向,以编程为驱动"的原则编写教材。以 VC++语言集成环境为教学平台,主要介绍了 C 语言程序设计的基础知识和基本方法以及C++编程的初步知识,注重基本知识和基本操作技能的学习和培养,按照知识层次递进的原则将 C 语言程序设计的基本内容分解为由简单到复杂的一系列学习模块,每个学习模块对应 C 程序设计的不同知识点,在学生完成各个学习模块的过程中,逐步引入 C 语言中的基本概念和语法,这样可以降低难度,有利于学生循序渐进地理解和掌握 C 语言程序设计方法,逐步提高编程应用能力,为学生的专业学习和今后的事业发展奠定良好的基础。

　　本书共 12 章。第 1 章为 C 程序入门,第 2 章、第 3 章、第 4 章介绍了 C 语言程序的三种基本结构:顺序结构、分支结构、循环结构,第 5 章讲述数组与字符串,第 6 章介绍函数,第 7 章介绍指针,第 8 章介绍结构体与链表,第 9 章讲述其他数据类型,第 10 章介绍文件,第 11 章、第 12 章介绍 C++面向对象基础,最后是附录,涉及 C 语言的常用函数、关键字含义、运算优先级以及程序调试常见错误等内容。

本书中所举的实例是为了帮助读者更好地理解学习内容而精心编写的。这些程序从教学和学习者的角度出发，对问题作了简化，尽量压缩不必要的语句，篇幅一般不长，便于读者读懂。所有例题均在 Microsoft Visual C++ 6.0 环境下运行通过。

本书力争在便于学生学习的同时，兼顾教师教学的方便。为此，每章的前面均设置了"本章导读"和"本章要点"，以便让读者了解各章整体框架和学习要求，然后引出本章主题；后面提供了丰富的"思考和练习题"，这些内容的编排有助于读者复习巩固所学的知识，逐步掌握程 C 语言程序设计的功能，从而掌握程序设计的编程思想。

本书在编写过程中参考、综合了大量的相关资料，并结合我们多年的教学和实践经验，力求教学内容突出实用性、针对性和实际可操作性，组织结构层次分明、编程与理论结合紧密，叙述上概念清晰、通俗易懂，易教易学。

本书由王顺利主持编写。参加编写工作的老师有常鑫（第 1 章、第 9 章、附录 1、附录 2、附录 6）、杨瑞（第 2 章、第 4 章）、赵鹏宇（第 3 章、附录 3、附录 4、附录 5）、宋金平（第 5 章、第 12 章）、马晓娟（第 6 章）、任国英（第 7 章、第 11 章）、刘宝娥（第 8 章、第 10 章）。全书由王顺利统稿、定稿。

由于时间仓促，编者水平有限，书中不足之处在所难免，恳请广大读者批评指正。

编　者

2014 年 1 月

目　　录

第1章 C程序入门

本章导读

计算机程序是指一组指示计算机每一步动作的指令,通常用某种程序设计语言编写。程序设计语言是能完整、准确和规则地表达人们的意图,并用以指挥或控制计算机工作的"符号系统"。C程序设计语言就是一种面向过程的高级程序设计语言。

本章要点

➢ 了解 C 程序上机编程的基本步骤和调试方法。
➢ 掌握 C 程序的基本组成和特点。
➢ 理解结构化程序设计的基本控制结构。
➢ 了解程序算法的概念。

1.1 创建一个简单的 C 程序

1.1.1 实例解析

通过编写几个简单的案例来熟悉 C 程序的结构和运行方式。

实例 1-1 设计一个简单的输出界面。

```
# include <iostream.h>
void main( )        /* main 函数定义 */
{
    cout <<"*********************\n ";
    cout <<"* 欢迎使用学生成绩管理系统    * \n ";
    cout <<"*********************\n ";
}
```

这是一个简单的 C 源程序文件,其中 main 是函数名,每一个 C 源程序都必须有且只有一个 main 函数,该函数没有返回值,所以函数的类型为 void。该函数的函数体由一对大括号{ }括起来。函数体内有三条语句,每条语句末尾有一个分号。本例 cout 的功能是将双引号内的字符串显示在屏幕上,其中\n 是用转义字符表示的换行符。C 程序的标准格式化输入输出函数是由 printf()和 scanf()完成,其功能强大,但对于初学者来说比较难以掌握。由于本书采用 Visual C++6.0 作为调试 C 程序的开发环境,所以采用了开发环境支持的C++的cout 和 cin 流对象来实现数据的输入和输出。♯include<iostream.h>是文件包含预处理命令,在该文件中包含 cout 和 cin 流对象的定义。

运行结果如图 1-1 所示。

图 1-1　实例 1-1 运行结果

实例 1-2　学生成绩管理系统的功能菜单。

```cpp
#include<iostream.h>
#include<stdlib.h>
int menu( )          /* 功能菜单界面 */
{
    int num;
    cout <<"功能菜单界面:\n ";
    cout <<"*****************\n ";
    cout <<"1.录入学生信息模块 \n ";
    cout <<"2.修改学生信息模块 \n ";
    cout <<"3.浏览学生信息模块 \n ";
    cout <<"*****************\n ";
    cout <<"请输入对应的数字键,进入对应的功能模块:";
    cin >> num;
    return num;
}
void fun( int n)                /* 功能模块提示信息 */
{cout <<"您选择的是第"<< n <<"个功能模块。\n "; }
int main                 /* main 函数定义 */
{
    int num,i;               /* 这是声明部分,定义变量 num 和 i */
    num = menu();            /* 以下三行是 C 语句 */
    system("cls ");
    for(i = 1;i <= 3;i ++ )      /* for 循环 */
        if(num == i)
        {fun(i); return 0;}
    cout <<"您输入的数字出错。\n ";
    return -1;
}
```

本程序的作用是根据系统的提示和用户的操作来显示用户所选功能模块的提示信息。该文件比较复杂,在以后的学习中会逐渐体会和掌握。

本程序由三个函数组成:menu 函数、fun 函数和 main 函数。函数之间是并列关系。其执行过程是,从 main 函数开始,首先执行 menu 函数,在屏幕上显示功能菜单,请用户输入一个数字,回车后结束 menu 函数的执行,并把函数的返回值赋给 num 变量,menu 函数的类型与返回值类型一致;main 函数继续执行 system(″sls″)函数,该函数是系统标准函数,包含在标准库文件 stdlib.h 中,其功能是清屏;for 语句是循环语句,分别取变量 i 的值为 1、2、3 和 num 变量比较,若比较成功,则调用 fun 函数显示用户选择的功能模块提示信息,并结束程序的运行,如果没有比较成功,则显示用户输入信息出错的提示,由于在 main 函数中有返回值,所以函数类型为 int 型。本程序的运行结果如图 1-2 所示,在第一个运行界面输入 2 并回车后,系统清屏显示下一个界面。

图 1-2　实例 1-2 运行结果

1.1.2　运行 C 程序的步骤和方法

Visual C++6.0 开发环境是一个基于 Windows 操作系统的可视化集成开发环境(Integrated Development Environment,IDE)。在该环境下用户可以开发有关 C 和 C++ 的各种应用程序,应用程序包括建立、编辑、浏览、保存、编译、链接和调试等操作,这些操作都可以通过单击菜单选项或工具栏按钮来完成,使用方便、快捷。它还提供了项目工作区(WorkSpace)、应用程序向导(AppWizard)等实用编程工具。

本节通过建立简单的应用程序,熟悉在 Visual C++6.0 环境下建立 C 程序的基本过程,了解 C 程序的编写、编译、链接和运行等操作。

1. Visual C++6.0 的主窗口

在已安装 Visual C++6.0 的计算机上,我们可以直接从桌面双击 Microsoft Visual C++6.0 图标,进入 Visual C++6.0 的主窗口,或者单击"开始"→"程序"菜单,选择 Microsoft Visual Studio 6.0 中的 Microsoft Visual C++6.0 菜单项,进入 Visual C++6.0 的主窗口,如图 1-3 所示。

Visual C++6.0 是以项目的形式来组织文件,一个项目可以包括多个 C 程序文件。所以在编写代码之前必须先创建项目,然后再创建 C 程序源文件。

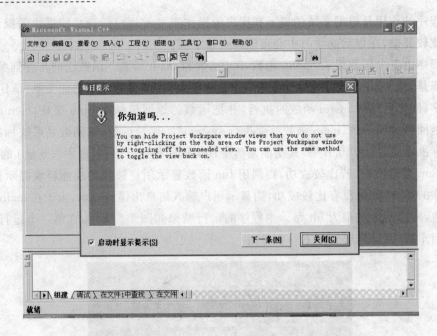

图 1-3　Visual C++6.0 的主窗口

2. 创建一个新的项目

在 Visual C++ 6.0 集成环境中选择"文件"→"新建"命令打开新建窗口,如图 1-4 所示。

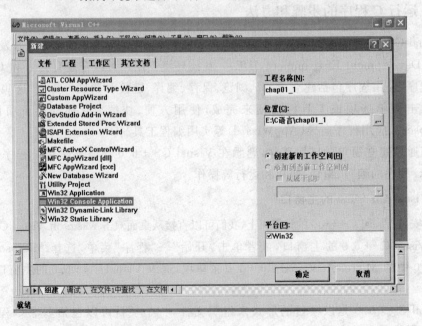

图 1-4　新建窗口

单击 Visual C++ 6.0 新建窗口的"工程"选项卡,选择 Win32 Console Application 条目,在"工程名称"文本框中输入项目名称(如 chap01_1),在位置文本框输入路径(如 E:\C

语言）。单击"确定"按钮，按照向导提示对项目的一些选项进行进一步的设置（一般采用默认设置）。这样就创建了一个项目名称为 chap01_1 的控制台程序，用户就可以在这个项目中添加或编写 C 源程序文件。

注意：在一个项目中不论有多少个 C 源程序文件，其中只能有一个 main 函数。

3. 创建一个 C 源文件

在成功创建了第一个 C++ 项目工程以后，就可以在项目工程里建立或添加 C 源程序。选择"文件"→"新建"命令打开新建窗口，先选择"文件"属性页面中的 C++ source File 条目，再在"文件名"文本框中输入文件名称 exam_1.cpp，Visual C++ 6.0 环境默认的是 C++ 源程序扩展名".cpp"（C 源文件的扩展名为".c"），由于在本书中的输入输出选用了 C++ 方式下的 cout 和 cin，所以本书源文件的扩展名都是用".cpp"。选中添加到工程的复选框，工程名和位置都保持原样，最后单击"确定"按钮，进入编辑界面，如图 1-5 所示。窗口中间的左部为工作空间，双击 chap01_1 classes 可看到这个工程项目管理下的文件名和函数名等，窗口中间的右部为源文件编辑窗口，在编辑窗口输入源代码，如把前面讲解的实例 1-1 的源代码输入。

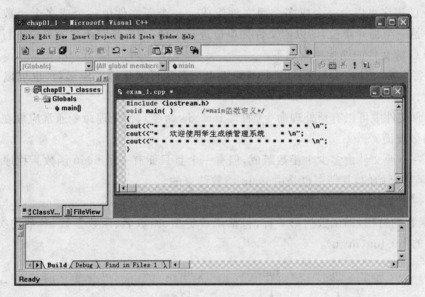

图 1-5　编辑窗口

4. 编译和调试程序

编写完成后，选择主菜单"组建"→"编译［exam_1.cpp］"命令或者按"Ctrl+F7"组合键编译源文件 exam_1.cpp，其 Output 窗口（如图 1-6 所示）中如果错误为 0，就可以组建工程，如有错误则需要反复修改和编译，直到错误为 0。

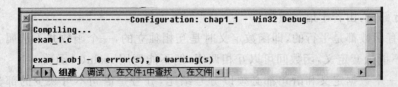

图 1-6　信息窗口

选择"组建"→"组建[exam_1.exe]"命令或者按"F7"键生成可执行文件 exam1_1.exe。

在组建成功后,就可以选择"组建"→"执行[exam_1.exe]"命令或者按"Ctrl＋F5"组合键,运行可执行文件 exam_1.exe,运行结果如图 1-7 所示。

图 1-7 运行结果窗口

1.2　C 程序概述

1.2.1　C 程序的基本组成

一个 C 程序可以由一个或多个源文件组成。一个源文件由一个或多个函数组成。一个源文件是一个编译单位,即以源文件为单位进行编译,而不是以函数为单位进行编译。

一个 C 源文件的结构特点如下。

(1) 每个源文件可由一个或多个函数组成。函数可以是标准库函数,也可以是用户自定义函数。

(2) 源文件中可以有预处理命令(如♯ include 命令),预处理命令通常应放在源文件或源程序的最前面。

(3) 一个源文件由多少个函数组成,但有一个且只能有一个 main 函数。程序的执行是从 main 函数开始的,其结束也是由 main 函数结束的。

(4) 一个函数由两部分构成。

① 函数的首部,即函数的第一行,包括函数类型、函数名、函数参数、参数的类型,如实例 1-2 中的 int fun(int n)。

② 函数体,即函数首部下面的{ }内的内容。

函数体一般包括以下两个部分。

a. 声明部分:包括变量的定义和函数的声明,变量必须先定义,后使用。若无变量,则此部分可以省略。

b. 执行部分:由若干语句组成。

(5) 所有函数都是平行的,即函数定义时是互相独立的,一个函数并不从属于另一个函数,即函数不能嵌套定义,函数间可以互相调用,但不能调用 main( )函数。

(6) 每一个数据定义和语句都必须以分号结尾,分号是语句不可缺少的部分。预处理命令、函数头和花括号"}"之后不能加分号。

（7）C 程序本身没有输入/输出语句，输入/输出操作是由函数调用来完成的。

（8）C 程序的注释符是以"/*"开头并以"*/"结尾的串。注释可出现在程序中的任何位置。注释用来向用户提示或解释程序的意义。程序编译时，不对注释作任何处理。因此上机实验时可不写此部分。

1.2.2　C 程序的输入和输出

通过本章的案例可以看出，输入和输出功能在程序设计过程中非常重要，计算机程序和用户的交互主要是通过数据的输入和输出完成的。所谓的输入和输出是以计算机为主体而言的，是指向标准输入/输出设备的数据操作，我们把输入/输出设备统称为终端。

C 程序不提供输入/输出语句，所有的数据输入/输出都是由库函数完成的。在标准库函数中有一批标准的输入/输出库函数，它们是以标准的输入/输出设备为操作对象的。其中输出函数有 printf 函数、putchar 函数和 puts 函数；输入函数有 scanf 函数、getchar 函数和 gets 函数。在使用这些函数时，要在文件的开头写上预处理命令"#include < stdio. h >"。有关标准库函数中相关的输入/输出函数在以后的应用和附录中进一步介绍，本小节介绍本书实例所使用 C++ 的标准输入/输出 cin 和 cout。

cout 是由 c 和 out 两个单词组成的，代表 c 的输出流；cin 是由 c 和 in 两个单词组成的，代表 c 的输入流，它们是在头文件"iostream. h"中定义的。

cout 必须和输出运算符"<<"一起使用，"<<"在这里不作为位运算，而是起插入的作用，例如：cout <<" hello! \n";，功能是将字符串插入到输出设备上。可以在一个输出语句中使用多个运算符"<<"，将多个输出项插入到输出流 cout 中，而且按照自左向右的顺序依次输出。例如：int a＝3,b＝5; cout <<" a ="<< a <<",b ="<< b <<"\n ";输出结果为：a＝3,b＝5。注意：每输出一项要用到一个"<<"符号，不能写成 cout <<" a =",a,",b =",b,"\n ";。

cin 必须和运算符">>"一起使用，">>"常被称为提取运算符，其作用是从标准输入设备取得的数据送到输入流 cin 中，然后送到内存对应的变量中，例如：int a,b; cin >> a >> b;运行时从键盘输入：3 空格 5 回车。数据输入时可以用空格或回车来间隔。

用 cin 和 cout 进行"输入/输出"时不需要指定数据类型，系统自动检测数据类型并进行"输入/输出"。这也是本教材采用其作为输入/输出的实例来讲解的原因。

1.2.3　C 程序的特点

（1）C 程序是一种结构化语言。

C 程序的主要成分是函数。程序的许多操作可由不同功能的函数有机组合而成，从而达到结构化程序设计的要求。另外，C 程序还提供了一套完整的控制结构和构造数据类型的机制（如结构体和数组），使得它层次清晰，便于按模块化方式组织程序，易于调试和维护。

（2）C 程序语句简洁紧凑，使用灵活方便。

C 一共有 32 个保留字和 6 种控制结构，压缩了一切不必要的成分。例如由大括号作为模块的分割，用 if-else 实现分支结构的控制。C 程序区分大小写，其书写格式自由，一行可以写多条语句，一条语句也可以写在不同的行上。C 允许程序编写者有较大的自由度，这在一定程度上也增加了 C 学习的难度。

（3）C 程序适用范围广。

它不仅具有丰富的运算符和数据类型，便于实现各类复杂的数据结构。它还可以直接访问内存的物理地址，进行位（bit）一级的操作。由于 C 程序实现了对硬件的编程操作，因此 C 集高级语言和低级语言的功能于一体，既可用于系统软件的开发，也可用于应用软件的开发。此外，用 C 编写的程序还具有可移植性强、生成的目标代码质量高、程序执行效率高等特点，因此广泛地移植到了各种类型和型号的计算机上，从而形成了多种版本的 C。

（4）C 程序具有强大的处理能力。

C 程序引入了指针，运用指针编程是 C 程序最主要的风格。利用指针变量可以表示各种数据结构，能很方便地使用数组和字符串，并能像汇编语言一样处理内存地址，从而编出精练而高效的程序。

1.2.4　C 程序的书写规范

C 程序区分大小写，比如 int 和 INT 是两个概念。由于 C 程序书写格式自由，一行内可以写多条语句，一个语句也可以分写在多行上，C 程序没有行号。这在一定程度上增加了 C 的难度。

从书写清晰，便于阅读、理解和维护的角度出发，在书写程序时，一般建议应遵循以下规则。

（1）一个说明或一个语句占一行。

（2）用{}括起来的部分通常表示了程序的某一层次结构。{}一般与该结构语句的第一个字母对齐。

（3）低一层次的语句或说明应该比高一层次的语句或说明缩进若干格后书写，以便看起来更加清晰，增加程序的可读性。在编程时应力求遵循这些规则，以养成良好的编程风格。

1.3　程序与程序设计语言

程序是为解决某种问题用计算机可以识别的代码编排的一系列加工步骤。计算机程序是一组指示计算机每一步动作的指令，通常用某种程序设计语言来编写。

1.3.1　程序与指令

一个计算机程序是一系列指令的集合。单独的一条指令本身只能完成计算机的一个最基本功能，如实现一次加法运算。虽然计算机指令系统所能完成的功能是有限的，但一系列指令的组合却能完成很多复杂的功能，这就是计算机的奇妙和强大之处。一系列计算机指令的有序组合就构成了程序。

计算机指令在计算机中是由 0、1 组成的指令码来表示的，这个序列能够被计算机所识别。如果程序设计直接用 0 或 1 组成的二进制序列来编写完成，那将会是复杂而难以实现的,特别是在程序有错需要修改的时候更加难办。所以,人们设计了程序设计语言,用这种语言来描述程序,同时应用一种软件(如编译系统)可以将程序设计语言描述的程序转换成计算机能够识别并能够直接执行的机器语言的指令序列。

1.3.2 程序设计语言

程序设计语言是人们用来编写程序的手段,是人与计算机交流的语言。人们为了让计算机按自己的意愿处理数据,必须用程序设计语言表达所要处理的数据和数据处理的流程。因此程序设计语言必须具有数据表达和数据处理(即流程控制)的能力。

计算机程序设计语言的发展经历了从机器语言、汇编语言到高级语言的历程。汇编语言源程序必须经过汇编,生成目标文件,然后执行。高级语言源程序可以用解释、编译两种方式执行。

1. 汇编语言

为了减轻使用机器语言编写程序的痛苦,人们进行了一种有益的改进。用一些简洁的英文字母、符号来代替一个特定指令的二进制串,比如,用"ADD"代表加法,用"MOV"代替数据的传递等。这样,人们就很容易读懂并理解程序在干什么,修改和维护程序就变得方便了,这种用符号代替机器语言的二进制码,就把机器语言变成了汇编语言。使用汇编语言编写的程序,机器不能直接识别,要由一种程序将汇编语言翻译成机器语言,这种起翻译作用的程序叫汇编程序,汇编程序把汇编语言翻译成机器语言的过程称为汇编。

汇编语言由于采用了助记符号来编写程序,比用机器语言的二进制代码编程要方便些,在一定程度上简化了编程过程。但汇编语言仍然十分依赖于机器硬件,对于同一问题所编制的汇编语言程序在不同种类的计算机间是互不相通的。

2. 高级语言

在最初与计算机的交流过程中,人们意识到,应该设计一种接近于数学语言或自然语言的程序,同时又不依赖于计算机硬件,编写出的程序能够在所有的计算机上通用。1954年,第一个完全脱离机器硬件的高级语言——FORTRAN诞生。从20世纪50年代中到70年代初,有几百种的高级语言出现,有重要意义的有几十种,其中影响较大、普遍使用的有FORTRAN(公式翻译)语言、COBOL(通用商业语言)、C语言、DL/I语言、PASCAC语言、ADA语言等多种高级语言。

高级语言的表示方法要比低级语言更接近于待解问题的表示方法,其特点是在一定程度上与具体机器无关,易学、易用、易维护。

3. C语言

由于汇编语言程序依赖于计算机硬件,其可读性和移植性很差,而一般的高级语言又难以实现对计算机硬件的直接操作(对硬件操作正是汇编语言的优势),于是人们希望有一种语言既具有汇编语言又具有高级语言的特点。C语言因此应运而生。

C语言在20世纪70年代初问世。它由早期的编程语言BCPL(Basic Combined Programming Language)发展演变而来,1970年美国贝尔实验室的Ken Thompson根据BCPL语言设计出较先进的并取名为B的语言,最后导致了C语言的问世。C语言是1972年由美国的 Dennis Ritchie 设计发明,并首次在 UNIX 操作系统的 DEC PDP-11 计算机上使用。

早期的 C 主要是用于 UNIX 系统。由于 C 语言的强大功能和各方面的优点逐渐为人们认识。到了 20 世纪 80 年代,C 开始进入其他操作系统,并很快在各类大、中、小和微型计算机上得到了广泛的使用,成为当代最优秀的程序设计语言之一。

1978 年由美国电话电报公司(AT&T)贝尔实验室正式发表了 C 语言。由 B. W. Kernighan 和 D. M. Ritchit 合著了著名的 *THE C PROGRAMMING LANGUAGE* 一书,通常简称为《K&R》,也有人称之为《K&R》标准。但是,在《K&R》中并没有定义一个完整的标准 C,后来由美国国家标准学会在此基础上制定了一个 C 语言标准,于 1983 年发表,通常称之为 ANSI C。目前流行的 C 版本都是以 ANSI C 为基础进行开发的。

在 C 的基础上,1983 年又由贝尔实验室的 Bjarne Stroustrup 推出了 C++。C++ 进一步扩充和完善了 C 语言,成为一种面向对象的程序设计语言。C++ 提出了一些更为深入的概念,它所支持的这些面向对象的概念容易将问题空间直接地映射到程序空间,为程序员提供了一种与传统结构程序设计不同的思维方式和编程方法。

1.3.3 结构化程序设计的控制流程

高级语言的发展经历了面向过程的结构化程序设计语言和面向对象的非过程化程序设计语言的过程。C 语言属于面向过程语言,下面介绍结构化程序设计的控制流程。

结构化程序设计采用自顶向下、逐步求精及模块化的程序设计方法,使用顺序、选择、循环三种基本控制结构构造,以控制结构为单位,每个控制结构只有一个入口、一个出口。其三种结构的控制流程如图 1-8 所示。

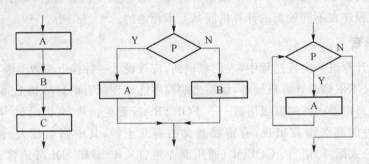

图 1-8 结构化程序控制流程

1. 顺序结构

这是最简单的一种基本结构,依次顺序执行不同的程序块。

2. 选择结构

根据条件满足或不满足而去执行不同的程序块。当条件 P 满足时执行 A 程序块,否则执行 B 程序块。

3. 循环结构

循环结构是指重复执行某些操作,重复执行的部分称为循环体。首先判断条件是否满足,当条件 P 满足时反复执行 A 程序块,每执行一次测试一次 P,直到 P 不满足为止,跳出循环体执行它下面的基本结构。

1.4 程序算法简介

程序算法是对特定问题求解过程的描述,是指令的有限序列,每条指令完成一个或多个操作。本节通过举例分析程序算法设计的主要过程。

1.4.1 算法举例

举例:输入 3 个数,求出最大值并输出。

1. 分析

首先,需要定义装载 3 个数的变量 a、b、c,将 3 个数依次输入到 a、b、c 中。还需要设置一个存放最大值的变量 max。

由于计算机一次只能比较两个数,我们先比较 a 和 b 变量的值,把大的数存入 max 变量中,再把 max 变量中的数与 c 变量的值比较。把大的数存入 max 变量中。

最后,把 max 变量的值输出,此时 max 中存放的就是 a、b、c 3 个数中的最大值。

根据分析,可以用流程图描述解决问题的算法,如图 1-9 所示。

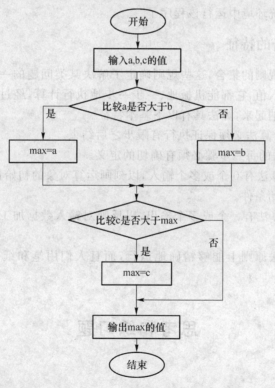

图 1-9 求三个数最大值的流程图

2. 编辑程序

当确定了解决问题的步骤后,就可以开始编写程序了。一般是在编程环境中,应用其编辑功能直接编写程序,然后生成程序的源文件。上面对应的程序源代码如下:

```
#include <iostream.h>
void  main( )
{
    int a,b,c,max;
    cout <<" please input three integer value :\n ";
    cin >> a >> b >> c;
    if(a>b) max = a;
    else  max = b;
    if(c > max) max = c;
    cout <<" maxval is:"<< max;
}
```

3. 程序编译与运行

再好的程序设计员都不可能编写出完全没有语法错误的程序,所以编辑好程序以后,需要应用该语言的编译程序对其进行编译,如果没有错误提示,则生成二进制代码表示的目标程序,扩展名为.obj。假如一个程序中包含多个文件(如系统库文件或用户文件),则需要通过链接程序把多个目标文件链接在一起,形成可执行文件,扩展名为.exe。最后用户就可以在编程环境或操作系统环境中运行该程序了。

1.4.2 算法应具备的特征

算法是一个有穷规则的集合,这些规则确定了解决某类问题的一个运算序列。对于该类问题的任何初始输入值,它都能机械地、一步一步地执行计算,经过有限步骤后终止计算并产生输出结果。归纳起来,算法具有以下基本特征。

(1) 有穷性。一个算法必须保证执行有限步之后结束。

(2) 确切性。算法的每一步骤必须有确切的定义。

(3) 输入。一个算法有 0 个或多个输入,以刻画运算对象的初始情况,所谓 0 个输入是指算法本身指定了初始条件。

(4) 输出。一个算法有一个或多个输出,以反映对输入数据加工后的结果。没有输出的算法是毫无意义的。

(5) 可行性。算法原则上能够精确地运行,而且人们用笔和纸做有限次运算后即可完成。

思考和练习题

一、选择题

1. 结构化程序所规定的三种基本控制结构是(　　　)。

A. 输入、处理、输出　　　　　　　　B. 树形、网形、环形

C. 顺序、选择、循环　　　　　　　　D. 主程序、子程序、函数

2. 下列叙述中正确的是(　　)。

A. C 编译时不检查语法　　　　　　　B. C 的子程序有过程和函数两种

C. C 的函数可以嵌套定义　　　　　　D. C 的函数可以嵌套调用

3. 在计算机系统中,可执行程序是(　　)。

A. 源代码　　　　　　　　　　　　　B. 汇编语言代码

C. 机器语言代码　　　　　　　　　　D. ASCII 码

4. 以下叙述中正确的是(　　)。

A. 构成 C 程序的基本单位是函数

B. 可以在一个函数中定义另一个函数

C. main()函数必须放在其他函数之前

D. 所有被调用的函数一定要在调用之前进行定义

5. C 源文件的扩展名是(　　)。

A. C　　　　　　　　B. cpp　　　　　　　C. obj　　　　　　　D. exe

6. C 语言的程序一行写不下时,可以(　　)。

A. 用逗号换行　　　　　　　　　　　B. 用分号换行

C. 在任意一空格处换行　　　　　　　D. 用回车符换行

二、填空题

1. 一个 C 源程序必须包含一个_____ 函数。

2. 一个 C 源程序可由一个或多个_____ 组成。

3. 结构化程序的三种基本结构_____、_____、_____。

4. 计算机软件分为系统软件和应用软件,操作系统属_____。

5. 在 C 程序中,注释部分以_____ 开始,以_____ 结束。

6. C 程序本身没有输入/输出语句,输入/输出操作是由_____ 调用来实现的。

三、程序设计题

1. 在 Visual C++ 6.0 编辑环境下编写程序,求三个整数的和并输出,查看运行结果。

2. 利用 C 程序设计一个简单的输出界面。

第2章 顺序结构程序设计

本章导读

顺序结构是程序执行流程的默认结构。顺序结构就是按照语句出现的先后顺序依次执行。程序处理的对象是数据,编写程序也就是描述对数据的处理。所以在学习程序设计之前,必须先了解 C 语言中与数据描述有关的问题,包括数据与数据类型、常量、变量等;在此基础上学习对数据运算的有关规则,包括运算类型、运算符、表达式和数据类型转换等。

本章要点

➢ 掌握 C 语言的基本数据类型。
➢ 了解常量、变量的概念与使用。
➢ 掌握运算符和表达式的使用和书写规则。
➢ 理解运算符的优先级、结合性、不同类型数据混合运算时的类型转换。

2.1 设计一个简单的顺序结构程序

2.1.1 实例解析

实例 2-1 求学生个人三科成绩的平均值。

```
#include <iostream.h>
int main( )
{
    float ch,mat,eng,ave;
    cout <<"Please enter the three subjects:";
    cin >> ch >> mat >> eng;    //输入三科成绩
    ave = (ch + mat + eng)/3;
    cout <<"Average value:"<< ave << endl;
    return 0;
}
```

程序中首先定义四个变量分别用来存放语文、数学和英语三科成绩及平均成绩,接下来输入三科成绩,求平均值、输出。

运行结果如图 2-1 所示。

```
Please enter the three subjects: 85 90 88
Average value: 87.6667
```

图 2-1 实例 2-1 运行结果

实例 2-2 输入一个字符,输出其对应的 ASCII 码。

```cpp
#include <iostream.h>
int main( )
{
  char ch;int x;
  cout <<"Enter a character:";
  cin >> ch;
  x = ch;
  cout <<"The output of the character of the ASCII code:"<< x << endl;
  return 0;
}
```

运行结果如图 2-2 所示。

```
Enter a character:A
The output of the character of the ASCII code: 65
```

图 2-2 实例 2-2 运行结果

程序中首先定义了一个字符型变量和一个整型变量,字符型变量用来接收键盘输入的单个字符,语句 x=ch;是先将 ch 字符化成 ASCII 码,然后放到 x 的内存单元中,所以输出的结果是字符 ch 的 ASCII 码。由这个实例可以得出字符型数据和整型数据是通用的。

2.1.2 常量与变量

1. 常量

在程序运行过程中其值不能被改变的量称为常量。常量区分为不同的类型,如 12、0、−3 为整型常量,4.6、−2.3 为实型常量等。如果从其字面本身就可以看出常量的类型,一般称为普通常量或直接常量;还有另一种常量称为符号常量,符号常量是一个标识符,在程序中必须遵循"先定义,后使用"的原则。

定义符号常量的一般格式为:

#define   <标识符>   <常量值>

其定义一般放在文件的开头,#define 为关键字不可省略,标识符为符号常量名,常量值为普通常量。使用符号常量的优点是使得数据的含义明确,起到"见名知意"的效果,同时使程序中该常量的值起到"一改全改"的作用。

在应用中符号常量一经定义,在作用域内不能改变,也不能被赋值。为了区别于变量,建议符号常量名一般用大写字母书写。

2. 变量

在程序的运行过程中其值可以改变的量称为变量。变量由变量名来表示,一个变量占据一定的存储单元,在存储单元中存放变量的值,一般通过变量名来引用变量的值。在使用中要分清变量名、变量的地址和变量的值这三个概念,如图 2-3 所示。例如:

```
int a;
a = 3;
```

编译系统为变量分配对应存储空间的地址为变量的地址,这样变量名就与变量的地址建立起对应关系。程序就是通过变量名来找相应的存储空间的,并把变量的值放到对应的存储空间里。

在 C 语言中,用来标识变量名、符号常量名、函数名、数组名、类型名、文件名的有效字符串序列称为标识符。标识符也就是一个名字。

图 2-3　变量

C 语言规定,标识符的命名规则只能由字母、数字、下划线三种字符组成,且第一个字符必须为字母或下划线。长度无统一规定,随系统而定。另外,C 语言区分大小写,大写字母和小写字母是两个不同的字符,所以 SUM 和 sum 是不同的标识符。

下面举一些合法的标识符:sum,_total,Class,lotus_1_2_3,BASIC。还有一些是不合法的,如:M.D,￥123,3 $,a>b,1_num。

在前面的例题中已经见到过变量的定义,变量定义的一般格式为:

类型说明符　变量标识符,变量标识符,…;

允许在一个类型说明符后说明多个相同类型的变量。各变量名之间用逗号间隔。类型说明符与变量名之间至少用一个空格间隔。最后一个变量名之后必须以";"号结尾。变量说明必须放在变量使用之前,一般放在函数体的开头部分。

在 C 语言中变量必须"先定义,后使用",凡未被定义的,不作为变量名,这样做保证程序中变量名使用的正确。在定义变量时必须指定变量的类型,这样编译系统在编译时就能根据类型分配相应大小的存储空间,并检查该变量所进行的运算是否合法。在为变量起名时应做到"见名知意",选取有含义的英文单词作为标识符,本书为了方便,仍用简单的字符来作变量名。

2.1.3　基本数据类型

数据是程序加工、处理的对象,也是加工的结果,所以数据是程序设计中所要设计和描述的主要内容,编写程序也就是描述对数据的处理。程序所能处理的基本对象被划分成一些集合,属于同一集合的各数据对象都具有同样的性质,如都采用同样的编码方式、能够做同样的操作等。我们把程序语言中具有这样同样性质的数据集合称为数据类型。

1. 数据类型分类

程序用到的数据都必须指明类型,数据类型不同,它能表示的数据范围和运算规则与它在内存中的存放形式也不同。C 语言的数据类型可以分为:基本类型、构造类型、指针类型和空类型,如图 2-4 所示。基本类型由系统提供,用户可以直接使用,构造类型是在基本类型的基础上,由用户自行定义的。

2. 整型

整型的类型标识符为 int 型,根据数值的取值范围可将整型分为基本型、短整型、长整型;为了充分利用整型数据的取数范围,又可将整型数据分为有符号和无符号类型,归纳起来整型数据可以分为六种类型。

C 语言没有具体规定以上各类数据所占内存的字节数,只要求 long int 型数据长度不短于 int 型,short int 型不长于 int 型。具体如何实现,由所使用的编译器决定。如在 TC 中,int 和 short int 型数据都是 16 位,而 long int 型数据是 32 位。在 VC++ 中 short int 型数据是 16 位,而 int 和 long int 型数据都是 32 位。表 2-1 中列出了 VC++ 中支持的整型以及它们所占的字节数和表示范围。

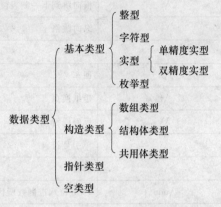

图 2-4　数据类型分类

表 2-1　不同类型数据的取值范围

类型名	类型说明符	字节数	取值范围
有符号短整型	short	2	$-32\,768 \sim 32\,767$,即 $-2^{15} \sim 2^{15}-1$
有符号整型	int	4	$-2^{31} \sim 2^{31}-1$
有符号长整型	long	4	$-2^{31} \sim 2^{31}-1$
无符号短整型	unsigned short [int]	2	$0 \sim 65\,535$,即 $0 \sim 2^{16}-1$
无符号整型	unsigned int	4	$0 \sim 2^{32}-1$
无符号长整型	unsigned long [int]	4	$0 \sim 2^{32}-1$

3. 字符型

字符常量是用单引号括起来的一个字符,例如 'a'、'b'、'='、'+'、'?'。在 C 语言中字符型数据区分大小写,例如 'a'和'A'代表不同的字符。如 '5'和 5 是不同的。'5'是字符常量,而 5 是整型常量。

C 语言中除了以上形式的字符常量外,还可以有一种特殊的字符常量称为转义字符,就是以反斜线"\"开头,后跟一个或几个字符的字符序列。转义字符具有特定的含义,不同于字符原有的意义,故称"转义"字符,主要用来表示那些用一般字符不便于表示的控制代码。表 2-2 为常用的转义字符及其含义。

广义地讲,C 语言字符集中的任何一个字符均可用转义字符来表示。表 2-2 中的\ddd 和\xhh 正是为此而提出的。ddd 和 hh 分别为八进制和十六进制的 ASCII 代码。如\101 表示字符'A',\102 表示字母'B',\134 表示反斜线,\x0A 表示换行等。

表 2-2　常用的转义字符及其含义

转义字符	转义字符的意义	ASCII 码
\n	回车换行	10
\t	横向跳到下一制表位置	9
\v	纵向跳格	11
\b	退格	8
\r	回车	13
\f	走纸换页	12
\\	反斜线符"\"	92
\'	单引号符	39
\a	鸣铃	14
\ddd	1～3 位八进制数所代表的字符	
\xhh	1～2 位十六进制数所代表的字符	

例如，语句

cout << 5 <<'\n'<<'\t '<< 6 <<'\t '<< 7 <<'\n'<<' '<<'\r '<< 6 <<'\t '<<'\b '<< 7 <<'\n';的输出结果为：

```
 5
—————————— 6 —————————7
   6 ————————7
```

程序在第一行输出 5 之后就是'\n'，故回车换行；接着又是'\t '，于是跳到下一制表位置（设制表位置间隔为 8），再输出 6；空一格再输出 7 后又是'\n'，因此再回车换行；接着空一格是'\r '，光标又回到本行的开始；输出 6；然后'\t'跳到下一制表位置（与上一行的 6 对齐），但下一转义字符'\b '又使输出位置退回一格，然后输出 7。

字符变量用来存放字符常量，即单个字符。类型说明符是 char。每个字符变量被分配一个字节的内存空间，因此只能存放一个字符。变量类型说明的格式和书写规则都与整型变量相同。例如：

char c;

字符变量的值在内存中是以 ASCII 码的形式存放在变量的内存单元之中的。如字符常量'a '的 ASCII 码是 97，字符常量'A '的 ASCII 码是 65。如 c＝'a '；实际上是在 c 对应的内存单元存放 97 的二进制代码。所以也可以把它们看成是整型量来处理。

在 C 语言中，字符型数据和整型数据之间可以通用，C 语言允许对整型变量赋以字符值，也允许对字符型变量赋以整型值。在输出时，允许把字符型变量按整型量输出，也允许把整型量按字符量输出。同时也可以对字符型数据进行算术运算。但由于整型量占 2 个字节，字符量占 1 个字节，当整型量按字符型量处理时，只有低八位字节参与处理，整型数据在 0～255 范围内可以与字符型数据通用。

实例 2-3　大小写字母的转换。

include <iostream.h>

```
int main( )
{
    char c1,c2;
    c1 = 97;
    c2 = c1 - 32;
    cout << c1 <<" "<< c2 << endl;
    return 0;
}
```

运行结果如图 2-5 所示。

图 2-5　实例 2-3 运行结果

本程序中 c1、c2 为字符型,但在赋值语句中可以赋以整型值。同时允许字符变量参与数值运算,即用字符的 ASCII 码参与运算,由于大小写字母的 ASCII 码相差 32,因此运算后把小写字母转换成大写字母。

4. 浮点型

(1) 十进制小数形式。由数码 0～9 和小数点组成。例如:0.0,.25,5.789,0.13,5.0,300.,－267.8230 等均为合法的。

(2) 指数形式。由十进制数、加阶码标志"e"或"E"以及阶码(只能为整数,可以带符号)组成。其一般形式为 aEn(a 为十进制数,n 为十进制整数),其值为 $a * 10^n$,如:2.1E5(等于 $2.1 * 10$ 的 5 次方),3.7E－2(等于 $3.7 * 10$ 的－2 次方)。

(3) 浮点型变量。

实型变量分为三类:单精度型、双精度型和长双精度。

其单精度说明符为 float,双精度说明符为 double,长双精度说明符为 long double。

在表 2-3 中列出了 C 中有关浮点型的数据。

表 2-3　不同类型浮点数的取值范围

类型名	类型说明符	字节数	有效数字	数值范围
单精度浮点数	float	4	6～7	$-3.4\times10^{-38}\sim3.4\times10^{38}$
双精度浮点数	double	8	15～16	$-1.7\times10^{-308}\sim1.7\times10^{308}$
长双精度浮点数	long double	16	18～19	$-1.2\times10^{-4932}\sim1.7\times10^{4932}$

浮点型变量说明的格式和书写规则与整型相同。

2.1.4　字符串常量

C 语言中除了字符常量之外,还有字符串常量。字符串常量是由一对双引号括起的字符序列。例如:"CHINA","C program:","$12.5"等都是合法的字符串常量。

字符串常量由双引号括起来,可以含一个或多个字符。在内存中连续存放,占的字节数等于字符串中字符数加 1。增加的一个字节中存放字符'\0'(ASCII 码为 0),这是字符串结束的标志。由于 ASCII 码为 0 的字符是空操作符,它不会引起任何的附加作用,也是一个不可显示的字符,所以可以用来作字符串结束的标志。例如,字符串"C program "在内存中的存储形式为"C program\0 "。字符串结束的标志是系统自动加的,不用人为地加,只要理解即可。

在 C 语言中没有相应的字符串变量。可以输出字符串常量,如:

cout << "How are you ! ";

不能把一个字符串常量赋予一个字符变量,如果想保存字符串常量,必须使用字符数组,即用一个字符数组来存放字符串常量(第 5 章讲解)。

注意区分字符常量'a'和字符串常量"a",虽然都只有一个字符,但在内存中存储的情况是不同的。'a'在内存中占一个字节,"a"在内存中占两个字节,可表示为:"a\0 "。

2.1.5 变量的初始化

在变量定义时赋以初值的方法称为初始化。在程序中常常需要对变量赋初值,以便使用变量。变量定义时赋初值的一般形式为:

类型说明符　变量名 1 = 值 1,变量名 2 = 值 2,…;

例如:

int a = 5,b = 5,c = 5;

float x = 3.2,y = 0.75;

char c1 = 'a',c2 = 'A';

在变量赋初值时,需要说明以下几点。

(1) 在定义中可以使部分变量赋初值。例如:

int a = 5,b,c = 5;

表示变量 a 和 c 的初值为 5,而 b 的值是不确定的。

(2) 若几个变量赋相同的初值,不允许连续赋值,必须分别初始化。如:int a = b = c = 5 是不合法的。

(3) 初始化不是在编译阶段完成的,而是在程序运行执行本函数时赋初值,相当于一个赋值语句。如:

int　a = 5;

等价于:

int　a;

a = 5;

2.2　表　达　式

常量、变量、函数是最简单的表达式,用运算符将表达式正确连接起来的式子也是表达式,如以下都是表达式:

3;

10 + sqrt(2.0);

x－2 * 3.14；

表达式就是由运算符和运算对象(操作数)组成的有意义的运算式子,它的值和类型由参加运算的运算符和运算对象决定,其中运算符就是具有运算功能的符号,运算对象指常量、变量和函数等表达式。

C语言中有多种表达式和相应的运算符,包括算术表达式、关系表达式、逻辑表达式、赋值表达式、逗号表达式等。

2.2.1　基本运算符

1. 算术运算符和算术表达式

(1) 算术运算符

①＋:加法运算符;

②－:减法运算符;

③ *:乘法运算符;

④/:除法运算符;

⑤％:模运算符,或称求余运算符。

它们都是二元运算符,也就是在运算时需要两个操作数,其中＋、－作为正值、负值运算符时是一元运算符。在除法(/)运算中,两个整数相除的结果为商的整数部分,舍去小数部分。例如,5/3结果为1。如果除数或被除数有一个为负整数,则舍入方向不固定,不同机器结果不一样,多数机器向零取整。如果参加运算的数中有一个为实数,则结果为double型。

在求余(％)运算中要求其左右两边操作数都必须为整数,结果取两整数相除的余数。

(2) 算术表达式和运算符的优先级与结合性

用算术运算符和括号将运算对象连接起来,符合C语法规则的式子,称为C算术表达式。例如,a * b/c－1.5＋'a'。

在C语言中, * 、/、％为同一优先级级,且高于同级的＋、－。其结合性都为左结合性,即遇到同级运算符时从左往右算。左结合性与数学思维一致,故读者可自己理解。

2. 赋值运算符和赋值表达式

"＝"为简单的赋值运算符,它的作用是将一个数据赋给一个变量。如"x＝10"的作用是执行一次赋值操作(或称赋值运算)。即把常量10赋给变量x。也可以将一个表达式的值赋给一个变量。此外还有复合的赋值运算符,在赋值号"＝"之前加上一个二元运算符,可构成复合赋值运算符,如 += 、* = 、/= 、% = 。凡是二元(二目)运算符可与赋值运算符一起组合成复合赋值运算符。例如:

a＋＝5 等价于 a＝a＋5

x *＝y＋6 等价于 x＝x *(y＋6)

以"a＋＝5"为例,它相当于使a进行一次自加5的操作。即先使a加5,再赋给a。同样"x * ＝y＋6"的作用是使x乘以(y＋6),再赋给x。

赋值表达式是由赋值运算符将一个变量和一个表达式连接起来的式子。它的一般形式为:

<变量><赋值运算符><表达式>

其求解过程是先求解赋值号右边表达式的值,然后赋给赋值号左边的变量,并把其值作为整个表达式的值。从表达式格式中可以看到,赋值运算符左边只能是变量,其作用是存放右边表达式的计算结果。

赋值运算符的优先级仅高于逗号运算符,其结合性为右结合性。例如:a＝b＝5是正确的表达式,由于其结合型为右结合性所以表达式相当于a＝(b＝5),即赋值表达式的右边又可以是一个赋值表达式。下面是赋值表达式的一些例子。

a＝b＝c＝5

a＝5＋(c＝6)

a＝(b＝4)＋(c＝6)

a＝(b＝10)/(c＝2)

(a＝3 * 5)＝4 * 3

a＋＝a－＝a＝3

而形如 a＝3 * 5＝4＋3 则是错误的表达式。

3. 逗号运算符和逗号表达式

C 语言把","也作为一种运算符来处理,称为逗号运算符。其作用是用逗号运算符将多个表达式连接起来。其表达式的一般形式为:

表达式 1,表达式 2,…,表达式 n

逗号表达式的求解过程是:从左向右依次求解各表达式的值,整个逗号表达式的值是表达式 n 的值,因此逗号表达式又称为"顺序求值运算符"。例如3＋5,6＋8 先求解3＋5,然后求解6＋8,整个逗号表达式的值为14。

逗号运算符的优先级是所有运算符中级别最低的,且结合性为左结合性。所以表达式 a＝3 * 5,a * 4 应该理解为先求解 a＝3 * 5,经计算后的 a 的值为15,然后求解 a * 4,得60,整个表达式的值为60。区别于 a＝(3 * 5,a * 4),请读者自己分析。

注意:并不是任何地方出现的逗号都是逗号运算符。

2.2.2 运算符的优先级和结合性

C 语言中运算符和表达式数量之多,在高级语言中是少见的。正是丰富的运算符和表达式使 C 语言功能十分完善。这也是 C 语言的主要特点之一。

C 语言中,运算符的运算优先级共分为15级。1级最高,15级最低。在表达式中,优先级较高的先于优先级较低的进行运算。C 语言的运算符不仅具有不同的优先级,而且还有一个特点,就是它的结合性,这种结合性是其他高级语言的运算符所没有的,因此也增加了 C 语言的复杂性。在表达式中,各运算对象参与运算的先后顺序不仅要遵守运算符优先级别的规定,在一个运算对象两侧的运算符优先级相同时,还要受运算符结合性的制约,以便确定是自左向右进行运算还是自右向左进行运算。

C 语言中各运算符的结合性分为两种,即左结合性(自左至右)和右结合性(自右至左)。例如算术运算符的结合性是自左至右,即先左后右。如有表达式 x－y＋z,则 y 应先与"－"号结合,执行 x－y 运算,然后再执行＋z 的运算。这种自左至右的结合方向就称为"左结合性"。而自右至左的结合方向称为"右结合性"。最典型的右结合性运算符是赋值运算符。

如 x＝y＝z,由于"＝"的右结合性,应先执行 y＝z 再执行 x＝(y＝z)运算。C 语言运算符中有不少为右结合性,应注意区别,以避免理解错误。

2.3 数据类型的转换

2.3.1 各类数值型数据间的混合运算

由前面的知识可以看出,在整型、实型、字符型各类型数据间可以进行混合运算。例如 10＋'a'＋1.5－8765.1234＊'b'是合法的,在进行运算时,不同类型的数据先要转换成同一类型,然后进行运算,这样的转换是由编译系统自动实现的。其转换的规则是按图 2-6 进行。

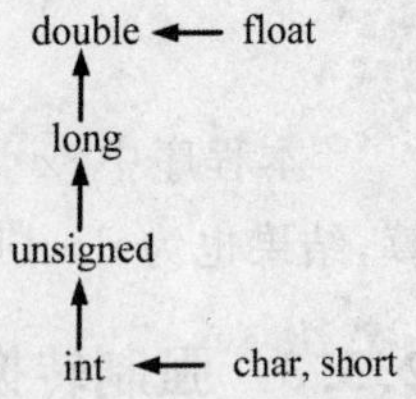

自动转换遵循以下规则。

(1) 若参与运算量的类型不同,则先转换成同一类型,然后进行运算。

(2) 转换按数据长度增加的方向进行,以保证精度不降低。如 int 型和 long 型运算时,先把 int 型转成 long 型后再进行运算。

double ← float
↑
long
↑
unsigned
↑
int ← char, short

图 2-6 不同类型之间的转换

(3) 所有的浮点运算都是以双精度进行的,即使仅含 float 单精度量运算的表达式,也要先转换成 double 型,再作运算。

(4) char 型和 short 型参与运算时,必须先转换成 int 型。

可总结为:横向为必然转换,纵向为遇到时转换,而箭头表示转换的级别的高低,而不是路径。

例如:在 int i＝3;float f＝2.6;的前提下,表达式 10＋'a'＋i＊f 为算术表达式,结合性为左结合性。其运行过程中类型变化为:

① 进行 10＋'a'的运算,由于'a'为字符型,则必然转换为 int 型,计算结果为 int 型的 107;

② 接下来右边的＋没有＊的优先级高,先进行 i＊f 的运算,由于 f 为 float 型,则必然转换为 double 型,i 为 int 型,遇到 double 型时直接转换为 double 型,且计算结果为 double 型。

③ ①与②的计算结果相加,也就是 int 型与 double 型相遇,把①的计算结果(107)的类型转换为 double 型,然后参与运算。整个表达式的计算结果类型为 double 型。

2.3.2 赋值转换

在赋值运算中,赋值号两边量的数据类型不同,但都是数值型或字符型时,也要进行类型转换,转换规则为将赋值号右边表达式计算结果的类型转换为与左边变量的类型一致。这个过程也是由系统自动进行转换的。但要注意:如果右边量的数据类型长度比左边长时,将丢失一部分数据,这样会降低精度,丢失的部分按四舍五入向前舍入。

实例 2-4 浮点型数赋值给整型变量。

```
#include <iostream.h>
```

```
int main( )
{
    float x = 3.14;
    int s,r = 5;
    s = r + x;
    cout << s << endl;
    return 0;
}
```

运行结果如图 2-7 所示。

8

图 2-7　实例 2-4 运行结果

本程序中，x 为实型；s、r 为整型。在执行 s＝r＋x 语句时，r 和 x 都转换成 double 型计算，结果也为 double 型。但由于 s 为整型，故赋值结果仍为整型，舍去了小数部分。

2.3.3　强制转换

当系统自动转换满足不了人为的要求时，可用强制类型转换来实现。强制类型转换是通过类型转换运算来实现的。其一般形式为：

（类型说明符）（表达式）

其功能是把表达式的运算结果强制转换成类型说明符所表示的类型。例如：

（float） a

在使用强制转换时应注意以下问题。

（1）类型说明符和表达式都必须加括号（单个变量可以不加括号），如把(int)(x＋y)写成(int)x＋y 则成了把 x 转换成 int 型之后再与 y 相加了，而不是把 x＋y 的计算结果转换为整型。

（2）无论是强制转换或是自动转换，都只是为了本次运算的需要而对变量的数据长度进行的临时性转换，而不改变数据定义时对该变量定义的类型。

实例 2-5　强制类型转换。

```
#include < iostream.h >
int main( )
{
    float f = 3.6;
    int  i;
    i = (int)f;
    cout << i <<"," << f << endl;
    return 0;
}
```

运行结果如图 2-8 所示。

3.3.6

图 2-8 实例 2-5 运行结果

程序中的 f 定义为 float 型,在执行(int)f 运算时得到一个 int 型的中间变量,它的值为等于 f 的整数部分(不进行四舍五入),而 f 变量的类型仍为 float 型不变。

2.4 顺序结构程序设计

2.4.1 C 语句分类

C 程序的执行部分是由语句组成的,程序的功能也是由语句执行实现的。C 语句是用来向计算机系统发出操作指令的,一个语句经编译后产生若干条机器指令。分号是 C 语句不可缺少的部分。C 语句包括表达式语句、控制语句、复合语句、空语句等。

1. 表达式语句

表达式语句由表达式加上分号";"组成。执行表达式语句就是计算表达式的值。其一般形式为:

表达式;

例如:

x = y + z;   /* 赋值语句 */

y + z;   /* 加法运算语句,但计算结果不能保留,无实际意义 */

最典型的例子是,由赋值表达式再加上分号构成的赋值表达式语句。赋值语句的功能和特点都与赋值表达式语句相同。它是程序中使用最多的语句之一。其一般形式为:

变量 = 表达式;

由于在赋值运算符"＝"右边的表达式也可以又是一个赋值表达式,因此下述形式:变量 =(变量 = 表达式);是成立的,从而形成嵌套的情形。其展开之后的一般形式为:

变量 = 变量 = … = 表达式;

例如:

a = b = c = d = e = 5;

按照赋值运算符的右结合性,因此实际上等效于:

e = 5;d = e;c = d;b = c;a = b;

在变量说明中给变量赋初值和赋值语句是有区别的。给变量赋初值是变量说明的一部分,赋初值后的变量与其后的其他同类变量之间仍必须用逗号间隔,而赋值语句则必须用分号结尾。在变量说明中,不允许连续给多个变量赋初值。如下述说明是错误的:int a＝b＝c＝5必须写为 int a＝5,b＝5,c＝5;而赋值语句允许连续赋值。

赋值表达式和赋值语句也是有区别的。赋值表达式是一种表达式,它可以出现在任何允许表达式出现的地方,而赋值语句则不能。例如:if((x＝y＋5)＞0) z＝x;语句是合法的。

而 if((x＝y＋5;)>0) z＝x;语句是不合法的。因为 x＝y＋5;是语句,不能出现在表达式中。

2. 函数调用语句

函数调用语句由函数名、实际参数加上分号";"组成。其一般形式为:

函数名(实际参数表);

执行函数语句就是调用函数体并把实际参数赋予函数定义中的形式参数,然后执行被调函数体中的语句,求取函数值。

例如:sqrt(4);　/* 调用库函数,得到 4 的平方根 */

3. 控制语句

控制语句用于控制程序的流程,以实现程序的各种结构方式。它们由特定的语句定义符组成。

C 语言有九种控制语句,可分成以下三类:

① 条件判断语句,如 if 语句、switch 语句。

② 循环执行语句,如 do-while 语句、while 语句、for 语句。

③ 转向语句,如 break 语句、goto 语句、continue 语句、return 语句。

4. 复合语句

把多个语句用括号｛｝括起来组成的一个语句称复合语句(又称分程序)。在程序中应把复合语句看成是单条语句,而不是多条语句。例如:

```
{
    x = y + z;
    a = b + c;
    cout << x << a;
}
```

是一条复合语句。

说明:

(1) 复合语句中最后一个语句的分号不能省略不写。

(2) 复合语句经常出现在选择、循环语句中作为被控制的内嵌语句。

(3) 复合语句中可以定义变量,该变量只在此复合语句中有效,这时的复合语句被称为分程序。

(4) 复合语句可以是顺序结构、选择结构、循环结构。

5. 空语句

只有分号";"组成的语句称为空语句。空语句是什么也不执行的语句。当程序中某个位置在语法上需要一条语句,而在语义上不需要执行任何操作时,可在此处使用一条空语句。例如:

while(getchar() != '\n');

本语句的功能是,只要从键盘输入的字符不是回车则重新输入。这里的循环体为空语句。

2.4.2 顺序结构

顺序结构是 C 程序执行流程的默认结构。所谓顺序结构,就是按照语句出现的先后顺序依次执行。本章所涉及的程序都属于顺序结构。

实例 2-6 输入两个整数给变量 x 和 y,将 x 和 y 的值交换后输出。

分析:将两个变量值交换的办法为定义一个中间变量 t,利用 3 条语句 t＝x;、x＝y;、y＝t;即可将两个变量的值交换,程序如下:

```
#include <iostream.h>
int main()
{
    int  x,y,t;
    cout <<"The input X and Y:";
    cin >> x >> y;
    cout <<"x = "<< x <<" "<<" y = "<< y << endl;
    t = x;
    x = y;
    y = t;
    cout <<"x = "<< x <<" "<<" y = "<< y << endl;
    return 0;
}
```

运行结果如图 2-9 所示。

```
The input X and Y:-2 8
x=-2 y=8
x=8 y=-2
```

图 2-9 实例 2-6 运行结果

思考和练习题

一、选择题

1. C 语言中,运算对象必须是整型数的运算符是(   )。

A. %   B. \   C. %和\   D. /

2. 以下能正确地定义整型变量 a、b 和 c 并为它们赋初值 5 的语句是(   )。

A. int a＝b＝c＝5;   B. int a,b,c＝5;

C. a＝5,b＝5,c＝5;   D. int a＝5,b＝5,c＝5;

3. 假设 m 是一个三位数,从左到右用 a、b、c 表示各位数字,则从左到右各个数字是 bac 的三位数的表达式是(   )。

A. b＊100＋a＊10＋c   B. a＊100＋b＊10＋c

C. b+a+c   D. bac

4. 下列关于类型转换的说法中,错误的是(　　　)。

A. 如果 a 为 int 型变量,b 为 char 型变量,则 a+b 的值为 int 型

B. 如果 a 为 float 型变量,b 为 int 型变量,则 a+b 的值为 float 型

C. 如果 a 为 double 型变量,b 为 float 型变量,则 a*b 的值为 double 型

D. 如果 a 为 int 型变量,b 为 int 型变量,则 a/(double)b 的值为 int 型

5. 执行下列两条语句"int c1=1,c2=2,c3; c3=1.0/c2*c1;"后变量 c3 的值是(　　　)。

A. 0   B. 0.5   C. 1   D. 2

6. 下列程序的功能是:输入数据 r,计算半径为 r 的圆面积 s。程序在编译时出错,原因是(　　　)。

```cpp
# include < iostream.h >
int main( )
/* hangshu */
{
    int r;float s;
    cin >> r;
    s = PI * r * r;
    cout << s;
    return 0;
}
```

A. 注释语句书写位置出错

B. 存放圆半径的变量 r 不应该定义为整型

C. 输出语句中格式非法

D. 计算圆面积的赋值语句中使用了非法变量

二、填空题

1. C 程序中的数据可分为_____和_____两大类。其中_____是指在程序执行过程中值不改变的量;_____是程序中用于存储信息的单元,并对应于某个内存空间。

2. 以下程序的输出结果是_____。

```cpp
# include <iostream.h>
int main( )
{
    int a = 2,b = 3;
    a = a + b;
    b = a - b;
    a = a - b;
    cout << a << b;
    return 0;
}
```

3. 以下程序的输出结果是_____。

```cpp
# include <iostream.h>
int main( )
{
    float a;
    int b;
    a = 5/2;
    b = 6/2 * a;
    cout << a << b;
    return 0;
}
```

三、程序设计题

1. 编写程序,求半径为 r＝2.5、高为 h＝4 的圆柱体的体积。
2. 编写程序,输入一个三位数,反向输出该三位数。

第3章
分支结构程序设计

本章导读

分支结构是 C 程序的 3 种基本结构之一,在大多数程序中都会包含分支结构,它能根据所指定的条件找到对应的分支并执行相应的操作,实现从几组操作中选择一个来执行的目的。

在本章中首先通过介绍几个简单的分支结构程序来帮助学习者初步了解分支结构程序的执行流程和设计方法,在对分支结构有一定了解的基础上,详细介绍了分支结构中经常用到的两类表达式,关系表达式和逻辑表达式;然后重点讲解了实现分支功能的两种语句,if语句和 switch 语句以及它们的嵌套;最后通过介绍几种关于分支结构的典型算法,进一步加深学习者对分支结构的理解。

本章要点

➢ 掌握关系运算符、逻辑运算符及其表达式。
➢ 掌握 if 语句,switch 语句的语法规则,并能在程序中灵活使用它们实现单分支或多分支控制。
➢ 掌握分支结构的嵌套,注意 if 语句中 if 和 else 的匹配关系。
➢ 了解条件运算符的使用。
➢ 了解分支结构的一些典型算法。

3.1　设计一个简单的分支结构程序

3.1.1　实例解析

通过编写几个简单的实例程序来熟悉分支结构程序的设计方法。

实例 3-1　一个学生单科考试成绩的及格判断。

```
#include <iostream.h>
int main()
{
```

```
int score;
score = 67;
if(score > = 60)
    cout <<"Passed! "<< endl;
return 0;
}
```

运行结果如图 3-1 所示。

Passed!

图 3-1　实例 3-1 运行结果

本程序的作用是判断学生某科考试的成绩是否及格。第 2 行中 main 函数的类型为 int,所以在程序中必须要有 return 语句。第 4 行定义一个整型变量 score 存放学生的成绩, 第 5 行为其赋值为 67。第 6、7 行是一个单 if 语句(一个整体),当 score 的值大于等于 60 时,执行第 7 行的语句,在屏幕上输出"Passed!",否则跳过第 7 行的语句,直接执行第 8 行语句,屏幕上不输出任何信息,程序结束。此处 if 语句实现的功能是决定"cout <<"Passed! "<< endl;"是否执行。

实例 3-2　求两个整数的最大值。

```
# include <iostream. h>
void main()
{
    int x,y,m;
    cout <<"Please input x,y:";
    cin >> x>> y;
    if(x > y)
        m = x;
    else
        m = y;
    cout <<"max is:"<< m << endl;
}
```

运行结果如图 3-2 所示。

Please input x,y:3 5
max is:5

图 3-2　实例 3-2 运行结果

本程序的作用是求从键盘输入的任意两个整数的最大值。第 4 行定义 3 个整型变量, 分别用来存放两个整数和最大值。第 5 行提示输入 x 和 y 的值,第 6 行的语句要求输入 x 和 y 的值,输入的两个值之间用若干空格间隔。第 7 行到第 10 行是一个 if-else 结构,当 "x > y"时,执行 m=x;,将较大值 x 赋值给 m,否则执行 m=y;,将较大值 y 赋值给 m。else 隐含的条件是"x <= y",此条件不可以写出来,else 子句不能单独出现,必须要和 if 配对。

此处的 if-else 结构是一个整体,实现两选一的功能(根据 x 和 y 的关系,从"m=x;"和"m=y;"中选择一个执行)。第 11 行的语句将 x 和 y 的最大值输出。

实例 3-3　学生成绩按等级制处理,判断一个学生单科考试成绩的级别。

```cpp
#include<iostream.h>
void main()
{
    int score;
    cout <<"Please input score(0-100):";
    cin >> score;
    if(score >= 90)
        cout <<"Excellent! "<< endl;
    else if(score >= 80)
        cout <<"Good! "<< endl;
    else if(score >= 70)
        cout <<"Right! "<< endl;
    else if(score >= 60)
        cout <<"Pass! "<< endl;
    else
        cout <<"Failed! "<< endl;
}
```

运行结果如图 3-3 所示。

```
Please input score(0-100):67
Pass!

Please input score(0-100):82
Good!
```

图 3-3　实例 3-3 运行结果

本程序的作用是输入学生成绩 score,按分数输出其等级。score≥90 为优,90 > score ≥80 为良,80 > score≥70 为中,70 > score≥60 为及格,score < 60 为不及格。五个分数段之间没有交集。

第 7 行到第 16 行是一个多分支的结构,共 5 个分支,选择一个来执行。输入 score 的值之后,按从上到下的顺序依次判断 if 后面的条件是否成立,如果条件成立,则执行其对应的语句,分支结构结束;只有此条件不成立时,才继续判断后面的条件。如果给定的所有条件都不满足,就执行最后一个 else 子句。

第 9 行的 else 与第 7 行的 if 配对,隐含的条件为"score < 90",在满足此条件的前提下,再次判断"score >=80"是否成立,所以"cout <<"Good! "<< endl;"执行的条件为"90 > score << 80"。

第 11 行的 else 与第 9 行的 if 配对,隐含的条件为"score < 80",在满足此条件的前提下,再次判断"score >=70"是否成立,所以"cout <<"Right! "<< endl;"执行的条件为"80 >

score≥70"。

最后一个 else 与第 13 行的 if 配对,隐含的条件为"score<60"。

3.1.2 关系运算

关系运算是逻辑运算中比较简单的一种。所谓"关系运算"实际上是"比较运算"。将两个值进行比较,判断其比较结果是否符合给定的条件。例如,a>5 是一个关系表达式,大于号(>)是一个关系运算符,如果 a 的值为 2,则不满足"a>5"条件,因此该关系表达式的值为"假";如果 a 的值为 7,则满足"a>5"的条件,关系表达式"a>5"的值为"真"。在程序中经常需要比较两个量的大小关系,以决定程序下一步的工作。

1. 关系运算符及其优先次序

C 语言提供了 6 种关系运算符,如表 3-1 所示。

表 3-1 关系运算符

关系运算符	意 义	关系运算符	意 义
<	小于	>=	大于或等于
<=	小于或等于	==	等于
>	大于	!=	不等于

关系运算符都是双目运算符,其结合性均为左结合性。在 6 个关系运算符中,<、<=、>、>= 的优先级相同,高于== 和 != ,== 和 != 的优先级相同。

关系运算符的优先级低于算术运算符,高于赋值运算符。例如:

a>b+c 等价于:a>(b+c)

a>b==c 等价于:(a>b)==c

a=b>c 等价于:a=(b>c)

2. 关系表达式

用关系运算符将两个表达式连起来的式子称为关系表达式。其一般形式为:

<表达式>关系运算符<表达式>

其中的表达式类型可以是算术、关系、逻辑、赋值、字符表达式等各种类型。

例如:a+b>c−d,x>3/2, 'a'+1<c,−i−5*j==k+1 等都是合法的关系表达式。其中的表达式也可以又是关系表达式,例如:a>(b>c),a!=(c==d)等。

关系表达式的值是一个逻辑值"真"或"假",若表示的关系成立,其结果为"真",否则为"假"。在 C 语言中,一般用"1"代表真、"0"代表假。

例如:a=3,b=2,c=1,则以下各表达式的结果为:

5>0 的值为"真",即为 1。

a>b 的值为"真",即为 1。

(a>b)==c 的值为"真",即为 1(a>b 的值为 1 与 c 的值相等)。

(a=3)>(b=5) 由于 3>5 不成立,故其值为假,即为 0。

d=a>b 由于关系运算符优先级高于赋值运算符,故把 a>b 的值赋予 d,其结果为 1。

f=a>b>c 由于关系运算符是左结合性,故先执行 a>b 的值为 1,再执行 1>c 的值为 0,

然后赋给 f,其整个表达式结果为 0。

3.1.3 逻辑运算

当表示几个条件的组合时,经常要用到逻辑运算符和逻辑表达式。

1. 逻辑运算符及其优先次序

C 语言提供了 3 种逻辑运算符:

① &&:逻辑与运算;

② ||:逻辑或运算;

③ !:逻辑非运算。

"&&"和"||"均为双目运算符,要求有两个运算量(操作数),且具有左结合性,如:(a>b)&&(x>y)、(a>b)||(x>y)。非运算符! 为单目运算符,只要求有一个运算量,如:!(a<b),具有右结合性。

算术运算符、赋值运算符、关系运算符、逻辑运算符按照运算符的优先顺序从高到低的次序如下:

! →算术运算符→关系运算符→&&→||→赋值运算符

(高)　　　　　　　　　　　　　　　　　　　　　　　(低)

例如:

(a>b)&&(x>y)等价于:a>b&&x>y

(a==b)||(x==y)等价于:a==b||x==y

(!a)||(a+b)等价于:! a||a+b

2. 逻辑表达式

用逻辑运算符将关系表达式或逻辑量连接起来的式子称为逻辑表达式。其一般形式为:

<表达式>逻辑运算符<表达式>

逻辑表达式的求值规则如下:

(1) 与运算"&&",参与运算的两个量都为真时,结果才为真,否则为假。例如,5>0&& 4>2,由于 5>0 为真,4>2 也为真,相与的结果也为真。

(2) 或运算"||",参与运算的两个量只要有一个为真,结果就为真。两个量都为假时,结果才为假。例如:5>0||5>8,由于 5>0 为真,相或的结果为真。

(3) 非运算"!",参与运算的量为真时,结果为假;参与运算的量为假时,结果为真。例如:!(5>0)的结果为假。

其逻辑运算的真值表如表 3-2 所示,其中的 a 和 b 分别表示参与运算的操作对象。

表 3-2　逻辑运算的真值表(一)

参与运算的操作对象		运算的结果			
a	b	a&&b	a||b	! a	! b
真	真	真	真	假	假
真	假	假	真	假	真
假	真	假	真	真	假
假	假	假	假	真	真

C语言编译系统在表示逻辑运算结果时,用1表示"真",用0表示"假",但在判断一个量为"真"或"假"时,0代表"假",非0数代表"真"。例如:由于5和3均为"非0",因此5&&3的值为"真",即为1。又如:5||0的值为"真",即为1。那么表3-2的真值表可转换为表3-3的真值表。

表 3-3　逻辑运算的真值表(二)

参与运算的操作对象		运算的结果			
a	b	a&&b	a||b	! a	! b
非0	非0	1	1	0	0
非0	0	0	1	0	1
0	非0	0	1	1	0
0	0	0	0	1	1

例如,a=4,b=5,则

! a 结果为 0;

a||b 结果为 1;

! a||b 结果为 1;

4&&0||2 结果为 1(先执行 4&&0,结果为 0,再执行 0||2,结果为 1);

5>3&&8<4-!0 结果为 0(先执行 5>3,结果为 1,再执行 4-!0,结果为 3,再执行 8<3,结果为 0,最后执行 1&&0,结果为 0)。

注意:在逻辑表达式的求解过程中,并不是所有的逻辑运算符都被执行,只是在必须执行下一个逻辑运算符才能求出表达式的解时,才执行该逻辑运算符。例如:

(1) a&&b&&c 只有 a 为真时,才需要继续判断 b 的值,只有 a 和 b 都为真的情况下才需要判断 c 的值。只要 a 的值为假,就不判断 b 和 c 了,因为 a 为假,就能确定整个表达式的值为假。如果 a 为真,b 为假,不判断 c,如图 3-4 所示。

(2) a||b||c 只有 a 为假时,才需要继续判断 b 的值,只有 a 和 b 都为假的情况下才需要判断 c 的值。只要 a 的值为真,就不判断 b 和 c 了,因为 a 为真,就能确定整个表达式的值为真。如果 a 为假,b 为真,不判断 c,如图 3-5 所示。

也就是说,对于 && 运算来说,只有前面的运算量不等于 0,才继续进行后面的运算。对于 || 运算来说,只有前面的运算量等于 0,才继续进行后面的运算。

熟练掌握 C 语言的关系运算符和逻辑运算符,可以灵活地用一个逻辑表达式表示一个复杂的条件。

图 3-4　与运算过程　　　　　　　　图 3-5　或运算过程

例如:判断用 year 表示的某一年是否是闰年。闰年的条件是符合下面二者之一:①能被 4 整除且不能被 100 整除②能被 400 整除。用逻辑表达式表示为:

(year % 4 == 0&&year % 100! = 0) || (year % 400 == 0)

当 year 为某一数值时,如果上述表达式的值为真,则 year 为闰年,否则为非闰年。

3.2　分　支　语　句

3.2.1　if 语句

用 if 语句可以实现分支结构。它根据给定的条件进行判断,以决定执行某个分支程序段。

C 语言提供了 3 种形式的 if 语句。

(1) if(表达式)语句

其作用是如果表达式的值为真,则执行其后的语句,否则不执行该语句。其执行过程如图 3-6 所示。

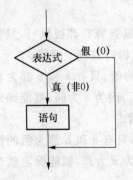

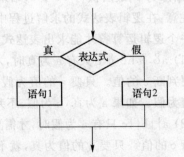

图 3-6　单 if 语句执行过程　　　　　　图 3-7　两分支 if 语句执行过程

(2) if(表达式)

　　语句 1

　else

　　语句 2

其作用是如果表达式的值为真,则执行语句 1,否则执行语句 2。其执行过程如图 3-7
所示。

例如:

if(x > = 0)

　y = 1;

else

　y = 0;

(3) if(表达式 1)语句 1

　　else if(表达式 2)语句 2

　　else if(表达式 3)语句 3

　　...

　　else if(表达式 m)语句 m

　　else 语句 n

其作用是依次判断表达式的值,当出现某个值为真时,则执行其对应的语句。然后跳到
整个 if 语句之外继续执行其他语句。如果所有的表达式均为假,则执行语句 n,然后继续执
行后续程序。流程图如图 3-8 所示。

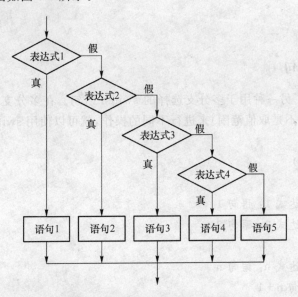

图 3-8　多分支 if 语句执行过程

在使用 if 语句中还应注意以下问题。

① 在三种形式的 if 语句中,在 if 关键字之后均为表达式。该表达式通常是逻辑表达式
或关系表达式,但也可以是其他类型的表达式,如赋值表达式等,甚至也可以是一个变量。
例如:if(a＝5)cout << "ok!";是允许的。只要表达式的值为非 0,即为"真"。

② 在 if 语句中,条件判断表达式必须用括号括起来,在语句之后必须加分号。例如:

```
if(x > 0)
    cout << x << endl;        /* 分号必不可少 */
else
    cout << - x << endl;      /* 分号必不可少 */
```

如果 if 语句中的表达式后加分号,变为:

```
if(x > 0);
    cout << x << endl;
else
    cout << - x << endl;
```

编译时会提示有语法错误,因为 if(x > 0);是一个完整的 if 子句,单个分号代表空语句,表示当 x > 0 时,什么也不做,因此"cout << x << endl;"是多余的,if 和 else 之间只能有一个语句。

不要误认为上面是两个语句(if 语句和 else 语句)。它们都同属于一个 if 语句。else 子句是 if 语句的一部分,不能作为语句单独使用,必须与 if 配对使用。

③ 在 if 语句的三种形式中,所有的语句应为单个语句,如果要想在满足条件时执行一组(多个)语句,则必须把这一组语句用{} 括起来组成一个复合语句。但要注意的是在"}"之后不能再加分号。例如:

```
if(a>b)
{ a = a + 1; b = b + 1;}
else
{a = 0; b = 10;}
```

3.2.2 switch 语句

C 语言还提供了另一种用于多分支选择的 switch 语句。在多分支格式中,有时根据某变量的不同取值(而不是取值范围)来进行不同的操作,就可以使用 switch 语句。

其一般形式为:

```
switch(表达式)
{
    case 常量表达式 1:语句 1
    case 常量表达式 2:语句 2
    ...
    case 常量表达式 n:语句 n
    default :语句 n + 1
}
```

其作用是计算表达式的值,并逐个与其后的常量表达式值相比较,当表达式的值与某个常量表达式的值相等时,执行其后的语句,然后不再进行判断,继续执行后面所有 case 后的语句。如表达式的值与所有 case 后的常量表达式均不相同时,则执行 default 后的语句,default 可以缺省。

实例 3-4　输入一个数字，输出对应的星期的英文单词。

```cpp
#include<iostream.h>
void main()
{
    int n;
    cout <<"input integer number:";
    cin >> n;
    switch(n)
    {
        case 1:cout <<"Monday "<< endl;
        case 2:cout <<"Tuesday "<< endl;
        case 3:cout <<"Wednesday "<< endl;
        case 4:cout <<"Thursday "<< endl;
        case 5:cout <<"Friday "<< endl;
        case 6:cout <<"Saturday "<< endl;
        case 7:cout <<"Sunday "<< endl;
        default:cout <<"error "<< endl;
    }
}
```

运行结果如图 3-9 所示。

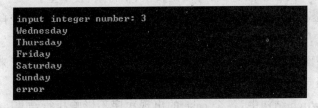

图 3-9　实例 3-4 运行结果

在本程序中，当输入 3 之后，执行了"case 3"以及以后所有的语句，输出了 Wednesday 及以后的所有单词。这当然是不希望的。为什么会出现这种情况呢？

在 switch 语句中，"case 常量表达式"只相当于一个语句标号，表达式的值和某标号相等则转向该标号执行，但不能在执行完该标号的语句后自动跳出整个 switch 语句，所以出现了继续执行所有后面 case 语句的情况。这是与前面介绍的 if 语句完全不同的，应特别注意。为了避免上述情况，C 语言还提供了一种 break 语句，专用于跳出 switch 语句。故在上例中，在每一 case 语句之后增加 break 语句，最后的分支可以不加 break，使每一次执行之后均可跳出 switch 语句，从而避免输出不应有的结果。修改后的程序为：

```cpp
#include<iostream.h>
void main()
{
```

```
int n;
cout <<"input integer number: ";
cin >> n;
switch(n)
{
    case 1:cout <<"Monday "<< endl;break;
    case 2:cout <<"Tuesday "<< endl; break;
    case 3:cout <<"Wednesday "<< endl; break;
    case 4:cout <<"Thursday "<< endl; break;
    case 5:cout <<"Friday "<< endl; break;
    case 6:cout <<"Saturday "<< endl; break;
    case 7:cout <<"Sunday "<< endl; break;
    default:cout <<"error "<< endl;
}
}
```

运行结果如图 3-10 所示。

```
input integer number: 3
Wednesday
```

图 3-10 实例 3-4 修改后的运行结果

说明:(1) switch 后面的表达式,可以是整型、字符型、枚举型。

(2) 每一个 case 后的常量表达式的值必须互不相同,否则就会出现自相矛盾的现象(对于表达式的一个值,有多种执行方案)。

(3) 在 case 后面虽然包含了一个以上的执行语句,但不必用{}括起来,会自动顺序执行 case 后面所有的语句。

(4) 上面的 switch 结构中,各个 case 的出现次序不影响执行结果。例如,可以先出现 "case 5: cout <<"Friday "<< endl; break;",然后是"case 4: cout <<"Thursday "<< endl; break;"。

(5) 多个 case 可以共用一组执行语句,例如:

```
switch(n)
{
case 1:case 2:case3:case 4:case 5:cout <<"ture "<< endl;
default:cout <<"false "<< endl;
}
```

n 的值为 1、2、3、4、5 时都执行"cout <<"ture "<< endl;"。

3.3　分支结构控制语句的进一步解析

3.3.1　分支结构的嵌套

当 if 语句中的执行语句又是 if 语句时,则构成了 if 语句嵌套。三种形式的 if 语句可以相互嵌套。

其一般形式可表示如下:

```
if( )
    if()语句 1
    else 语句 2
else
    if( ) 语句 3
    else 语句 4
```

嵌套内的 if 语句可能是 if 语句或 if-else 语句,这将会出现多个 if 和多个 else 重叠的情况,这时要特别注意 if 和 else 的配对问题。

例如:

```
int   x = 10;
if(x >= 5)
if(x < 60)
    cout <<" yes! "<< endl;
else
    cout <<" no! "<< endl;
```

其中的 else 究竟是与哪一个 if 配对呢? 读者很容易理解为 else 与第一个 if 为一对。为了避免这种二义性,C 语言规定,else 总是与它前面最近的没有配对的 if 配对。有时为了避免出错,一般可以采用加{}的方式确定其关系。因此上述例子等价于:

```
int   x = 10;
if(x >= 5)
{
    if(x < 60)
        cout <<" yes! "<< endl;
    else
        cout <<" no! "<< endl;
}
```

如果希望 else 与第一个 if 配对,同样可以加上花括号来改变这种关系。如:

```
int   x = 10;
if(x >= 5)
{
```

```
   if(x < 60)
      cout << "yes! " << endl;
}
else
   cout << "no! " << endl;
```

这时的"{}"限定了内嵌 if 语句的范围,因此 else 与第一个 if 配对。

读者可上机完善并运行上述几个程序,进一步熟悉 if 语句的嵌套。

3.3.2 条件运算符和条件表达式

如果在条件语句中只执行单个的赋值语句时,常常可以使用条件表达式来实现。不但使程序简洁,也提高了运行效率。

条件运算符为" ? :",它是一个三目运算符,结合方向为自右至左。

由条件运算符组成条件表达式的一般形式为:

表达式 1? 表达式 2:表达式 3

其求值规则为:如果表达式 1 的值为真,则以表达式 2 的值作为条件表达式的值,否则以表达式 3 的值作为整个条件表达式的值。

条件表达式通常用于赋值语句之中。例如 if 语句:

if(a>b) max = a;

else max = b;

可用条件表达式写为:

max = (a>b)? a:b;

如 a>b 为真,则把 a 赋予 max,否则把 b 赋予 max,实现了与 if 语句完全相同的功能。

条件运算符的运算优先级低于关系运算符和算术运算符,但高于赋值符。因此 max＝(a>b)? a:b 可以去掉括号而写为 max＝a>b? a:b。由于其结合性为右结合性,所以 a>b? a:c > d? c:d 应理解为 a>b? a:(c > d? c:d)。

3.4 典 型 算 法

实例 3-5 求三个数的最大值。

方法 1:与实例 3-2 算法相同,两两求最大值即可。

分析:定义 3 个变量 a、b、c 来存放 3 个整数,定义一个变量 max 存放最大值。先比较 a 和 b 变量的值,把大的数存入 max 变量中,再拿 max 变量与 c 变量比较,把大的数存入 max 变量中。最后,把 max 变量的值输出,此时 max 中存放的就是 a、b、c 这 3 个数中的最大值。

据此写出以下程序:

```
#include <iostream.h>
void main()
{
   int a,b,c,max;
```

```
cout <<"Please input the value ofa、b and c:";
cin >> a >> b >> c;
if(a>b)
    max = a;
else
    max = b;
if(c > max)
    max = c;
cout <<" max is:"<< max << endl;
}
```

运行结果如图 3-11 所示。

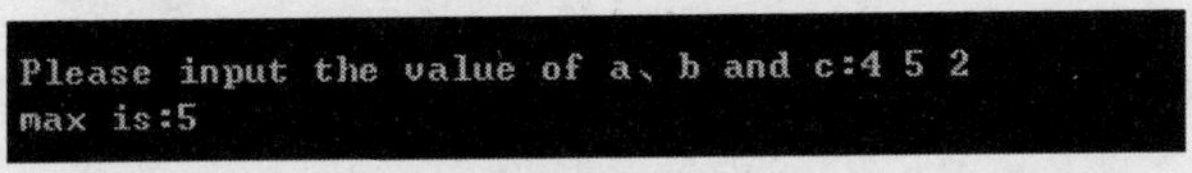

```
Please input the value of a、b and c:4 5 2
max is:5
```

图 3-11 实例 3-5 运行结果

方法 2:采用"打擂台"算法。

分析:与方法 1 相同,先定义 4 个变量,将 a 赋值给 max,然后拿 b 和 max 比较,如果 b 大于 max,将 max 修改为 b 的值,再拿 c 和 max 比较,如果 c 大于 max,将 max 修改为 c 的值,最后 max 就是三个数的最大值。

据此写出以下程序:

```
# include <iostream. h>
void main()
{
    int a,b,c,max;
    cout <<"Please input the value ofa、b and c:";
    cin >> a >> b >> c;
    max = a;
    if(b > max)
        max = b;
    if(c > max)
        max = c;
    cout <<" max is:"<< max << endl;
}
```

通过几组测试数据可知,方法 1 和方法 2 对应的程序实现的功能是完全相同的。对于同一个问题,解决的办法通常不单一,所以建议读者们开动脑筋,想出尽量多的解决办法。

实例 3-6 三个数的排序。

分析:排序的算法有多种,都是通过"两两比较和交换"这种基本操作的多次重复来实现的。首先比较 a 和 b,如果 a 不是最小,交换 a 和 b 的值;再比较 a 和 c,如果 a 不是最小,交换 a 和 c 的值;最后比较 b 和 c,如果 b 不是最小,交换 b 和 c 的值。经过上述的操作后,a、 b、c 中的值就实现了从小到大的排序。

程序如下：

```cpp
#include <iostream.h>
void main()
{
    cout << endl;
    int a,b,c,t;
    cout << "Please input the value ofa、b and c：";
    cin >> a >> b >> c;
    if(a > b)
    {
        t = a;
        a = b;
        b = t;
    }
    if(a > c)
    {
        t = a;
        a = c;
        c = t;
    }
    if(b > c)
    {
        t = b;
        b = c;
        c = t;
    }
    cout << a << "  " << b << "  " << c << endl;
}
```

运行结果如图 3-12 所示。

```
Please input the value of a、b and c:4 2 9
2 4 9
```

图 3-12　实例 3-6 运行结果

交换两个变量的值的最简单、常用的方法就是借助第三个变量来实现，如例中的 {t=a; a=b;b=t;}，请读者们认真思考，看是否还能想出交换两个变量值的其他方法。

实例 3-7　编写一个程序，判断用户输入的字符是数字、字母还是其他字符。

分析：根据题意，可知此问题共有三个分支，即数字、字母、其他字符。这三类字符的本质区别在于它们的 ASCII 值不同，且同类字符的 ASCII 值又是连续的，所以可根据字符的

ASCII 值来区分不同的字符。如数字字符为 0~9,ASCII 值为 48~57,此区间可用一个逻辑与表达式来表示。字母包括大写字母和小写字母,用一个逻辑或表达式表示。

定义一个字符型变量,从键盘输入它的值,判断其属于哪类字符。

程序如下:

```
#include<iostream.h>
void main()
{
    cout << endl;
    char c;
    cout <<"Please input c:";
    cin >> c;
    if(c > = 48&&c < = 57)
        cout <<"It is a digital! "<< endl;
    else if(c > = 65&&c < = 90||c > = 97&&c < = 122)
        cout <<"It is a character! "<< endl;
    else
        cout <<"It is a others! "<< endl;
}
```

运行结果如图 3-13 所示。

```
Please input c:K
It is a character!
```

图 3-13 实例 3-7 运行结果

在 C 语言中,字符数据以 ASCII 存放,它的存储形式与整数的存储形式相似,这样字符数据和整型数据在一定范围内是通用的。所以,上述程序可改为如下形式:

```
#include<iostream.h>
void main()
{
    cout << endl;
    char c;
    cout <<"Please input c:";
    cin >> c;
    if(c > = '0'&&c < = '9')
        cout <<"It is a digital! "<< endl;
    else if(c > = 'A'&&c < = 'Z'||c > = 'a'&&c < = 'z')
        cout <<"It is a character! "<< endl;
    else
        cout <<"It is a others! "<< endl;
}
```

程序变得更为直观。

实例 3-8 输入一个年份,判断是否是闰年。

分析:在3.1.3中曾介绍过判断闰年的算法,现将前述算法进行分析,用变量 leap 代表是否是闰年的信息,若闰年,令 leap＝1,否则 leap＝0。用图 3-14 来表示判断闰年的算法。

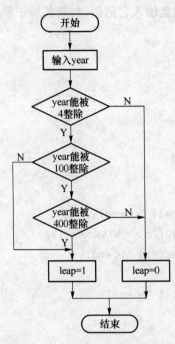

图 3-14　判断闰年的算法流程

据此算法设计的程序如下:

```cpp
# include <iostream.h>
void main()
{
    int year,leap;
    cout <<" Please input a year:";
    cin >> year;
    if(year % 4 == 0)
        if(year % 100 == 0)
            if(year % 400 == 0)
                leap = 1;
            else
                leap = 0;
        else
            leap = 1;
    else
        leap = 0;

    if(leap)
        cout << year <<" is a leap year "<< endl;
```

```
else
    cout << year <<" is not a leap year "<< endl;
}
```

运行结果如图 3-15 所示。

```
Please input a year:1997
1997 is not a leap year
```

图 3-15 实例 3-8 运行结果

第 11 行的 else 与第 9 行的 if 配对,第 13 行的 else 与第 8 行的 if 配对,第 15 行中 else 与第 7 行的 if 配对。第 7 行至第 16 行的语句也可以用如下的一个 if 语句来代替:

```
if((year % 4 == 0&&year % 100! = 0)||(year % 400 == 0))
    leap = 1;
else
    leap = 0;
```

思考和练习题

一、选择题

1. 下列运算符中优先级最高的是(   )。

A. <   B. +   C. & &   D. ++

2. 当接受用户输入的含空格在内的字符串时,使用哪一个函数?(   )。

A. scanf( )   B. getchar( )   C. gets( )   D. puts( )

3. 若变量 c 为 char 类型,能正确判断出 c 为小写字母的表达式是(   )。

A. ' a '<=c<=' z '   B. (c>=' a ')||(c<=' z ')

C. (' a '<=c)and(' z '>=c)   D. (c>=' a ')& &(c<=' z ')

4. 在 C 程序中,判断逻辑值时,用"非 0"表示逻辑值"真",又用"0"表示逻辑值"假"。在求逻辑值时,用(   )表示逻辑表达式值为"真",又用(   )表示逻辑表达式值为"假"。

A. 1 0   B. 0 1   C. 非 0 非 0   D. 1 1

5. 能正确表示逻辑关系"a≥10 或 a≤0"的 C 语言表达式是(   )。

A. a>=10 or a<=0   B. a>=0|a<=10

C. a>=10 & &a<=0   D. a>=10 ‖ a<=0

6. 字符 B 的 ASCII 码是(   )。

A. 65   B. 97   C. 98   D. 66

7. 以下程序的输出结果是(   )。

```
main( ) { int m = 5; if(m++>5 ) cout << m << endl;
else cout << m-- << endl; }
```

A. 7   B. 6   C. 5   D. 4

8. 以下程序（　　）。

```
main( )
{ int a = 5,b = 0,c = 0 ; if(a == b + c) cout <<"***\n ";
  else cout <<"$ $ $ \n ";}
```

A. 有语法错误不能通过编译　　　　　　B. 可以通过编译但不能通过链接

C. 输出***　　　　　　　　　　　　　　D. 输出 $ $ $

9. 有如下程序：

```
main() { int a = 2,b = -1,c = 2; if(a<b) if(b<0) c = 0;
else c++;cout << c << endl;}
```

该程序的输出结果是（　　）。

A. 0　　　　　　　　B. 1　　　　　　　　C. 2　　　　　　　　D. 3

10. 下列程序的执行结果是（　　）。

```
main( )
{
    int i = 16,y = 90;
    if(i<10) y--;
    else if(i<30) y++;
    else   y = y + i;
    cout << y;
}
```

A. 89　　　　　　B. 91　　　　　　C. 106　　　　　　D. 90

二、给出下面程序的运行结果

1.

```
main( )
{
    int a = 1,b = 2,c = 4,t = 0;
    if(a<b) t = a;a = b;b = t;
    if(a<c) t = a;a = c;c = t;
    cout << a << b << c << endl;
}
```

2.

```
main()
{
    int x = 1,a = 0,b = 0;
    switch(x)
    {
        case 0: b++;
        case 1: a++;
        case 2: a++;b++;
```

```
    }
    cout << a << b << endl;
}
```

3.

```
main( )
{
    int i = 1;
    switch(i)
    {
        case 0:cout <<"＊"; break;
        case 1:cout <<"＃ ";
        default :cout <<"＄";
    }
}
```

4.

```
main()
{
    float x = 2.0,y;
    if(x < 0.0)y = 0.0;
    else if(x < 10.0)y = 1.0/x;
    else y = 1.0;
    cout << y << endl;
}
```

三、程序设计题

1. 编写程序,求一元二次方程 $ax^2+bx+c=0$,系数 a、b、c 由键盘输入。

2. 计算个人所得税,月收入 5000 元以上征 20％,800 元以上 5000 元以下的征 3％,800 元以下的免税,输入个人应发工资,计算并输出个人所得税。

第4章
循环结构程序设计

本章导读

本章导读

现实生活中许多问题需重复执行,如输入全体教师的基本信息、求若干个数的平均值、筛选某门课程不及格的学生等。这些问题几乎都需要循环控制才可解决。每一种计算机高级语言都提供了循环控制,用来处理需要重复执行的操作。循环结构是结构化程序设计的基本结构之一,它和前两章讲的顺序结构、选择结构构成程序设计的三大结构,也是各种复杂应用程序的基本构成单元。熟练掌握循环结构的基本思想以及得心应手地将其应用在解决实际问题当中是进行程序设计最基本的要求。循环结构的特点是,在给定条件成立时,反复执行某程序段,直到条件不成立为止。给定的条件称为循环条件,反复执行的程序段称为循环体。

通过本章的学习,应该了解循环结构程序设计的基本思想,学会使用三种循环语句编写循环结构程序。

本章要点

➢ 掌握循环语句的应用。
➢ 掌握如何使用 break 语句终止循环。
➢ 熟练使用循环的嵌套编制程序。

4.1　设计一个简单的循环结构程序

4.1.1　实例解析

通过编写几个简单的实例来熟悉循环结构程序的分析和编写方法。

实例 4-1　利用三种循环语句分别求出 N 个学生某门课程的平均成绩。

分析:求 N 个成绩的平均值需要先求出累加和,需要定义累加和变量 s 和存放成绩的变量 x,每次循环从键盘输入一个 x 值并将其累加到 s,循环执行 N 次,循环结束后求平均值并输出。

```
#include <iostream.h>
#define N 10
int main( )
{
    int x,s = 0,i;
    for(i = 1;i < = N;i++)
    {
        cin >> x;
        s = s + x;
    }
    cout << 1.0 *s/N <<"\n ";
    return 0;
}
```

输入 N 个成绩需要进行 N 次循环,若用 i 控制循环次数,则 i 的取值从 1 到 N,故其初值就是 1,而 i<=N 就是循环继续执行要满足的条件,每次重复执行的是输入一个成绩并将其累加。在分析与程序编写过程中变量 i 起到了主要控制作用,将其称为循环控制变量。将每次重复执行的语句或语句块称为循环体。以上三方面就是编写循环结构程序的重要环节,即循环控制变量赋初值、循环条件和循环体。运行结果如图 4-1 所示。

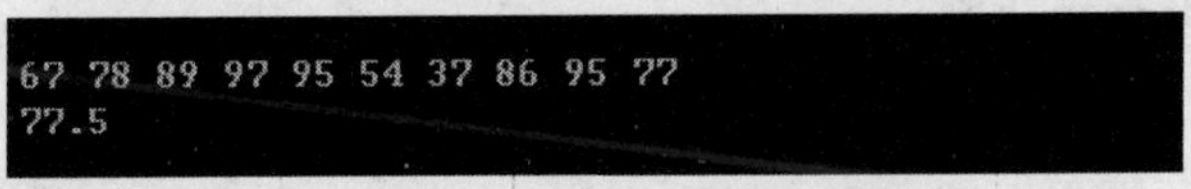

```
67 78 89 97 95 54 37 86 95 77
77.5
```

图 4-1 实例 4-1 运行结果

用 while 语句编程如下:

```
#include <iostream.h>
#define N 10
int main( )
{
    int x,s = 0,i = 1;
    while(i < = N)
    {
        cin >> x;
        s = s + x;
        i++;
    }
    cout << 1.0 *s/N;
    return 0;
}
```

用 do-while 语句编程如下:

```
#include <iostream.h>
```

```
#define N 10
int main( )
{
  int x,s = 0,i = 1;
  do
  {
    cin >> x;
    s = s + x;
    i++;
  }
  while(i < = N) ;
  cout << 1.0 *s/N;
  return 0;
}
```

实例 4-2 通过输入特殊值控制结束学生成绩的输入。

分析:需要定义累加和变量 s 和存放成绩的变量 x,每次循环从键盘输入一个 x 值并将其累加到 s,如输入为特殊值(本程序设定为－1)则退出循环,循环结束后求平均值并输出。需要定义一个存放成绩个数的变量 i。

```
# include <iostream.h>
int main( )
{
  int x,s = 0,i = 0;
  while(1)
  {
    cin >> x;
    if(x! = -1)
      s = s + x;
    else
      break;
    i++;
  }
  cout << 1.0 *s/i << "\n ";
  return 0;
}
```

本例中 i 变量用来表示输入的成绩个数,是一个计数器,故初值为 0。循环通过输入－1 结束成绩的输入,在循环体中用 break 语句判断若输入－1 就结束循环,所以在进入循环时不需要判断条件,while(1)中的 1 表示循环条件永远为真。运行结果如图 4-2 所示。

```
96 83 66 88 99 -1
86.4
```

图 4-2 实例 4-2 运行结果

4.1.2 自增自减运算符

＋＋和－－为自增和自减运算符,其作用是使变量的值增 1 和减 1。它们是单目运算符,且结合性为右结合性。其表达式格式如下:

＋＋i(－－i):先使 i 值加 1(减 1),后使用 i 的值。

i＋＋(i－－):先使用 i 的值,后使 i 值加 1(减 1)。

其表达式的相同点是使 i 的值加(减)1,不同点是前者先加(减)1 后使用,后者先使用后加(减)1。请读者思考如下程序段的输出结果:

```
int i = 8,j,k;
j = i++;
cout << i <<","<< j <<"\n";
k = ++i;
cout << i <<","<< k <<"\n";
```

在应用时应注意以下几点:

(1) 自增自减运算符只能用于变量,而不能用于常量和表达式。

(2) 自增自减运算符主要用在循环结构程序中,用于循环控制变量的加 1 和减 1。

(3) ＋＋、－－的优先级高于算术运算符,其结合方向是自右至左,例如 － i＋＋,i 的左边为负号运算符,右边为自加运算符,两者优先级相同,由于其右结合性,故相当于 －(i＋＋)。

(4) C 语言中有的运算符是一个字符,有的是两个字符,如 i＋＋＋j,C 编译系统按自左向右的顺序尽可能将多的字符组成一个运算符,所以上述表达式相当于(i＋＋)＋j,为避免错误,最好为其加上括号。

4.2 三种循环语句

4.2.1 while 语句

while 语句的一般形式为:

while(表达式)

语句

其中表达式是循环条件,语句为循环体。其执行过程是先计算表达式的值,当值为真(非 0)时,执行语句,如此反复直到表达式值为假结束循环。其中表达式就是循环条件,语句就是循环体。其执行流程如图 4-3 所示。其特点是每次先判断循环条件,若条件成立则执行循环体,否则退出循环。可以简单概括为当循

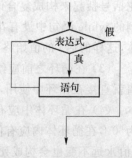

图 4-3 while 语句流程图

环条件为真时执行循环体。

实例 4-3 输出所有的数字字符。

分析：锁定数字字符的范围，设定变量 i 取值从字符′0′到字符′9′，那么其初值为字符′0′(循环控制变量初值)，每次输出 i 后将其值增 1(循环体)，取到最大值为字符′9′(循环条件为 i<=′9′)。

```cpp
#include <iostream.h>
int main( )
{
    char i;
    i = '0';
    while(i <= '9')
    {
        cout << i;
        i++;
    }
    cout << "\n";
    return 0;
}
```

运行结果如图 4-4 所示。

```
0123456789
```

图 4-4　实例 4-3 运行结果

在使用 while 语句时应注意以下几点：

(1) while 语句中的表达式一般是关系表达式或逻辑表达式，也可以是其他表达式。只要表达式的值为真(非 0)即可继续循环。同时应注意循环条件的选择以避免死循环。如：

```cpp
while(a = 5)
cout << a;
```

如果将条件 a==5 误写为 a=5，那么循环条件为赋值表达式，该表达式的值永远为真，而循环体中又没有其他终止循环的手段，因此该循环将无休止地进行下去，形成死循环。

(2) 循环体是出现在 while 后面的一条语句，若循环体包括一条以上的语句，则必须用花括号括起来构成复合语句，花括号内的若干语句将被视为一个整体看作一条语句。若上例的 while 语句中没有花括号，则 while 语句的范围只到"cout << i;"，而"i++;"不属于循环体，这样的话 i 的值始终都是′0′，条件"i<=′9′"始终成立，那么就会形成死循环。

(3) 在循环之前应给循环控制变量赋初值，否则它们的值是随机的，上例中若 i 没有初值就直接在循环中使用，结果就是不可预料的。

(4) 在循环体中应有使循环趋于结束的语句。上例中循环条件是"i<=′9′"，i 的初值为′0′，在循环体内应有使 i 增值以最终导致"i<=′9′"不成立的语句，即语句"i++;"，否则 i 值永远不变也会构成死循环。

(5) 条件后面没有分号而是紧跟循环体语句。若上例写为

```
while(i<='9');
    { cout << i; i++; }
```

则编译系统会理解为循环体是";",即循环体是空语句,而条件始终成立,从而也形成死循环,花括号中的复合语句也将不受 while 的控制。

实例 4-4 输入一行以问号结束的字符,统计字母的个数。

分析:输入遇问号结束可以作为本题循环的条件,在输入是大小写字母时计数器变量增1即可。

```
#include <iostream.h>
int main( )
{
    char c;
    int x = 0;
    cin >> c;
    while(c!='?')
    {
        if(c>='a'&&c<='z'|| c>='A'&&c<='Z') x++;
        cin >> c;
    }
    cout << x <<"\n";
    return 0;
}
```

运行结果如图 4-5 所示。

```
fgHK89[<9huYt?
8
```

图 4-5 实例 4-4 运行结果

本例中要注意循环上面"cin >> c;"的作用,如果没有这条语句,则循环条件检测时变量 c 的值是随机值,使用变量之前一定要有确定的值。

4.2.2 do-while 语句

do-while 语句的一般形式为:

do

  语句

while(表达式);

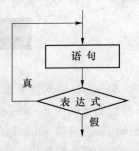

图 4-6 do-while 语句流程图

其中表达式还是循环条件,语句还是循环体,其作用是先执行一次循环体语句,再判别表达式的值,若为真(非 0)则继续循环,否则终止循环。执行过程如图 4-6 所示。其特点是先执行循环体,后判断条件是否成立。

实例 4-3 若用 do-while 语句可以编程如下:

```
# include <iostream. h>
int main( )
{
    char i;
    i = '0';
    do
    { cout << i; i++; }
    while(i <= '9');
    return 0;
}
```

实例 4-5 用 do-while 语句编程求 1～100 的自然数和。

分析:求和数据范围是 1～100 的自然数,设定变量 i 从 1 取到 100,其初值为 1,还需一个存放累加和的变量 sum,初值应为 0,i 的最大值 100 可限定循环条件为"i <= 100",每次重复执行的是先将当前 i 值累加到 sum 中,再通过"i ++;"用 i 表示下次预加上的数。

```
# include <iostream. h>
int main( )
{
    int i = 1,sum = 0;
    do
    {
        sum = sum + i;
        i++;
    }
    while(i <= 100);
    cout << sum <<"\n";
    return 0;
}
```

具体地,第一次执行循环体时 i 值为 1,将其值累加到 sum 中,i 增 1 变成 2,第二次循环时 i 值为 2,将其值累加到 sum 中,i 增 1 变成 3,直到 i 值增到 100,将其值累加到 sum 中,i 增 1 变成 101,此时检测到条件"i <= 100"不成立了,故循环结束。那么退出循环后,sum 中存放的是 1 到 100 的累加和,i 值是 101 而不是 100。运行结果如图 4-7 所示。

```
5050
```

图 4-7 实例 4-5 运行结果

do-while 语句也要求在循环之前给循环控制变量赋初值,其条件出现在循环体之后,故条件后面被视为 do-while 语句到此结束,所以条件后面紧跟一个分号。对于同一问题使用 do-while 语句和 while 语句都可以处理,两者的区别在于 do-while 是先执行后判断,因此 do-while 至少要执行一次循环体,即使在最初循环条件就不成立也要执行一次循环体,而

while 是先判断后执行,如果条件不成立,则一次循环体语句也不执行。当条件表达式的结果一开始就为假(0 值)时,使用两种语句得到的结果是不同的。请读者思考以下两个程序的输出结果,主要考虑输入 i 值大于 10 和小于等于 10 两种情况下的结果。

程序一:

```
#include <iostream.h>
int main()
{
    int sum = 0,i;
    cin >> i;
    while(i <= 10)
    {
        sum = sum + i;
        i++;
    }
    cout << sum;
    return 0;
}
```

程序二:

```
#include <iostream.h>
int main()
{
    int sum = 0,i;
    cin >> i;
    do
    {
        sum = sum + i;
        i++;
    }
    while(i <= 10);
    cout << sum;
    return 0;
}
```

对于 do-while 语句还应注意以下几点:

(1) 在 if 语句、while 语句中,表达式后面都不能加分号,而在 do-while 语句的表达式后面则必须加分号。

(2) 循环体由多个语句组成时,也必须用花括号括起来构成复合语句。

(3) 和 while 语句一样,在循环之前应使循环变量赋初值,在循环体中应有使循环趋于结束的语句。

4.2.3 for 语句

for 语句是 C 语言所提供的功能更强,使用更广泛、更灵活的一种循环语句。不仅可以用于循环次数已经确定的情况,而且可以用于循环次数不确定而只给出循环条件的情况,它完全可以代替 while 语句。

for 语句的一般形式为:

for(表达式 1;表达式 2;表达式 3)

 语句

3 个表达式的作用是:表达式 1 是为循环中所用到的变量赋初值,只执行一次,可为一个或多个变量设初值;表达式 2 是循环条件,用来判定是否继续循环,每次先判定此表达式的真假,由此决定是否继续执行循环体;表达式 3 一般起变量增值作用,它在循环体之后执行。

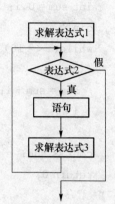

那么通俗一些 for 语句就可理解为:

for(变量赋初值;循环条件;变量增值)

循环体

for 语句的执行过程如下,如图 4-8 所示。

(1) 计算表达式 1 的值。

(2) 计算表达式 2 的值,若值为真(非 0)则执行循环体语句一

图 4-8 for 语句流程

次,之后执行第(3)步,否则跳出循环。

(3) 计算表达式 3 的值,再转回第(2)步重复执行。

在整个 for 循环执行过程中,表达式 1 只计算一次,表达式 2 和表达式 3 则可能计算多次。循环体可能多次执行,也可能一次都不执行。其特点是先判断循环条件,后执行循环体,故与 while 语句可以完全互换,可转换为如下 while 语句形式:

表达式 1;

while(表达式 2)

{

 语句

 表达式 3;

}

实例 4-3 若用 for 语句可编程如下:

```
#include <iostream.h>
int main( )
{
    char i;
    for(i='0'; i<='9'; i++)
        cout << i;
    return 0;
}
```

实例 4-5 用 for 语句编程如下:

```
#include <iostream.h>
int main( )
{
    int i,sum = 0;
    for(i = 1;i <= 100;i++)
        sum = sum + i;
    cout << sum;
    return 0;
}
```

与前面两个语句相比 for 语句看起来更加简洁、灵活、方便。对于此语句有如下说明：

(1) 在 for 语句的各表达式中，表达式 1 用来给循环变量赋初值，一般是赋值表达式。也允许在 for 语句之前给循环变量赋初值，此时可以省略该表达式，但其后的分号不能省略。例如：

```
i = 1;
for(;i <= 100;i++) sum = sum + i;
```

(2) 表达式 2 是循环条件，一般为关系表达式或逻辑表达式。表达式 2 也可省略，其后分号不能省，表示不判断循环条件，认为循环条件永远为真，循环将无限地进行下去。例如：

```
for(i = 1;;i++)sum = sum + i;等价于 for(i = 1;1;i++) sum = sum + i;
```

省略表达式 2 时应使用其他方式控制循环的结束，此时可以使用 break 语句避免死循环，break 语句将在 4.3 节中介绍。例如：

```
for(i = 1; ;i++)
{
    if(i > 100) break;
    sum = sum + i;
}
```

(3) 表达式 3 通常可用来修改循环变量的值，一般是赋值表达式。表达式 3 也可省略，即表示省略循环变量增值，这时一般需要在循环体中有使循环变量增值的语句。例如：

```
for(i = 1;i <= 100; )
{
    sum = sum + i;
    i++;
}
```

(4) 三个表达式都是任选项，都可以省略。

(5) for 语句中的表达式 1 和表达式 3 都可以是逗号表达式，一般可以用一个逗号表达式完成对多个变量的赋值。例如：

```
for(i = 1,j = 9,s = 0;i <= j;i++,j--)
    s = s + i * j;;
```

以上程序段计算的是 1 * 9 + 2 * 8 + 3 * 7 + 4 * 6 + 5 * 5,退出循环后 i 值为 6,j 值为 4。注意逗号表达式中都是逗号不能出现分号,否则就引起语法错误。

(6) 当循环体为多条语句时仍需加上花括号构成复合语句。

(7) 循环体还可以是空语句。例如：

for(i = 1,sum = 0;i < = 100;sum = sum + i,i++);

把原来的循环体放到表达式 3 中成为一个逗号表达式，那么从表面上看这个 for 语句就没有循环体了，即循环体是空语句。

实例 4-6 求 $1/2 + 2/3 + 3/4 + \cdots + 9/10$。

分析：本题是求有特殊规律的分数之和，分子比分母小 1，只需定义一个存放分子的变量 f1，分母可用 f1 + 1 表示，f1 从 1 取到 9，可确定循环条件为 f1 < = 9，为了除法能运算出小数，f1 应定义为 float 型变量。

```cpp
#include <iostream.h>
int main()
{
    float f1,s = 0;
    for(f1 = 1;f1 < = 9;f1++)
        s = s + f1/(f1 + 1);
    cout << s <<"\n ";
    return 0;
}
```

运行结果如图 4-9 所示。

```
7.07103
```

图 4-9　实例 4-6 运行结果

4.3　循环程序的进一步解析

4.3.1　三种循环语句的比较

处理某个实际问题时使用前面介绍的三种循环语句都可以，一般情况下它们可以互相替代，只是语法格式上有所差别。while 语句和 for 语句是执行循环体之前检测循环条件，而 do-while 语句是先执行循环体后判定条件，所以在初始状态下，若条件成立则三种循环语句得到的结果一样，若条件不成立则 while 语句和 for 语句的循环体不执行而 do-while 语句的循环体要执行一次。

注意，使用 while 语句和 do-while 语句时，循环控制变量赋初值需在循环之前完成，而 for 语句可以将这一操作放到表达式 1 中。通常在循环次数确定时首选 for 语句，循环次数不确定但循环条件确定时首选 while 语句，而 do-while 语句使用得少一些。

4.3.2　break 语句和 continue 语句

有时出现某种特殊情况需要循环提前结束，只用循环语句就处理不了。例如求出某个非素数 x 的最小因子,可以在 2~x/2 之间寻找 x 的因子,只要找到一个因子循环就可以结束了,而不需要再找其他因子,找到的这个就是最小的,此时可以借助 break 语句来终止循环。continue 语句也可以提前结束循环,但两者的结束有所差别。

前面介绍过 break 语句可以使流程跳出 switch 语句,继续执行 switch 语句下面的语句。在循环中,break 语句也可以使流程跳出循环体继续执行循环下面的语句,即 break 语句可以控制循环中途结束。需要注意,break 语句只能跳出本层循环。在循环结构中 break 语句需要与 if 语句配合使用,否则就是无条件退出循环,即根本不会循环,注意 if 语句中的表达式应该是循环结束的条件。使用 break 语句可以使循环语句有多个出口,在一些场合下使编程更加灵活、方便。

实例 4-7 输出半径从 1~10 且周长小于 40 的圆的面积。

分析:求半径从 1~10 的圆的面积决定了存放半径的变量 r 的取值为 1~10,从而 r <= 10 应为循环条件。另外一个要求周长小于 40 也是循环条件,周长需要在循环中计算,故进入循环时周长 c 的值不固定,所以 c < 40 这个条件不能出现在循环体上面,只能写在周长算出之后,这时可以想到用 if 与 break 来控制,但 if 语句中的表达式应该是循环结束的条件,即 c >= 40,c >= 40 时就退出循环,其他几个半径大一些的面积就不去计算了。

```cpp
#define pi 3.14
#include <iostream.h>
int main()
{
    int r;
    float area, c;
    for(r = 1; r <= 10; r++)
    {
        c = 2 *pi * r;
        if(c >= 40) break;
        area = pi * r * r;
        cout <<" r = "<< r <<",c = "<< c <<",area = "<< area <<"\n ";
    }
    return 0;
}
```

运行结果如图 4-10 所示。

```
r=1,c=6.28,area=3.14
r=2,c=12.56,area=12.56
r=3,c=18.84,area=28.26
r=4,c=25.12,area=50.24
r=5,c=31.4,area=78.5
r=6,c=37.68,area=113.04
```

图 4-10 实例 4-7 运行结果

continue 语句用来结束本次循环,即不再执行循环体中 continue 语句之后的语句,转入下一次循环条件的判断。应注意此语句只结束本次的循环,并不跳出循环。与 break 语句一样,continue 语句也需要与 if 语句配合使用。在解决实际问题时 continue 语句并不常用。如:以下程序的功能是输出 100 以内能被 7 整除的数。

```
# include <iostream.h>
int main( )
{
    int n;
    for(n = 7;n <= 100;n++)
    {
        if(n % 7! = 0)
            continue;
        cout << n <<" ";
    }
    return 0;
}
```

本程序中,对 7～100 的每一个数进行测试,如该数不能被 7 整除,则由 continue 语句转去下一次循环,就跳过 cout << n <<" ";不执行了。该数能被 7 整除时,continue 语句不执行,才能执行后面的 cout,输出能被 7 整除的数。

注意:break 语句和 continue 语句的区别,break 语句是结束整个循环过程,转去执行循环的下一条语句,而 continue 语句只是结束本次循环,转去下一次是否要继续循环的判定。

4.4 循环的嵌套

前面介绍的问题都是单层循环就可以解决的,若问题稍复杂一些,我们可以将三种循环语句任意嵌套在一起构成双层或多层循环,本节以实例为主着重介绍双层循环结构。

实例 4-8 输出如下九九乘法表。

```
1 * 1=1
2 * 1=2    2 * 2=4
3 * 1=3    3 * 2=6    3 * 3=9
           ...
9 * 1=9    9 * 2=18   9 * 3=27    9 * 4=36   ...   9 * 8=72    9 * 9=81
```

分析:九九乘法表看起来很有规律,共有 9 行,每行乘法算式的被乘数都相同,一行上的算式中乘数总是从 1 开始到被乘数结束,如第三行中被乘数都是 3,乘数是从 1 到 3。整体看来 9 行的被乘数从 1 变到 9。要想输出整个乘法表,需要一行一行地处理,共 9 行,我们给各行编一个行号,即行号从 1 到 9,可以看出行号与本行的被乘数是一致的,若定义变量 i 表示行号,那么 i 也就是本行上算式的被乘数,i 从 1 取到 9,这表示一层循环。在处理第 i 行时,此行包括 i 个算式,可以用另一层循环输出这 i 个算式,算式的乘数从 1 到 i,需定义另一个变量 j 表示这一些取值,即 j 值从 1 到 i。当 i 取一个固定值时,j 要从 1 变到 i,j 每取一个值可以输出一个算式。如果以具体数据说明的话,先处理第一行,i 的初值是 1,此时 j 的取值只有 1,输出 1 * 1 = 1;当处理第二行时,被乘数 i 的值增 1 变为 2,乘数 j 的值为 1 到 2,可以输出 2 * 1 = 2 和 2 * 2 = 4;处理第三行时,被乘数 i 的值再增 1 变为 3,乘数 j 的值为 1 到 3,可以输出 3 * 1 = 3、3 * 2 = 6、3 * 3 = 9,依此类推,直到最后一行被乘数 i 值为 9,乘数 j 值为 1 到 9,输出第九行的 9 个算式。

```cpp
# include <iostream.h>
# include <iomanip.h>
int main( )
{
    int i,j;
    for(i = 1;i <= 9;i++)
    {
        for(j = 1;j <= i;j++)
            cout << i <<" * "<<j <<" = "<< setw(2)<<i * j <<" ";
        cout <<"\n ";
    }
    return 0;
}
```

输出时首先按行来考虑,所以控制整个 9 行的循环是外循环,i 就是外层循环控制变量,i 表示行号以及此行算式的被乘数,在第 i 行的处理中,要控制这一行的多个算式的输出,所以控制一行的循环是内层循环,j 就是内层循环控制变量,它表示每个算式的乘数。区分内外层循环的另一种简单方法是,控制范围较大的是外层循环,如本题处理 9 行的是外层循环,控制范围较小的是内层循环,本题中处理一行算式的是内层循环。外层循环控制变量取一个值,内层循环控制变量要取多个值,当内层循环执行了一轮后,外层循环控制变量再取下一个值。程序中的"setw(2)"用于限定其后"i * j"所占的列数,使用此功能需在程序首部包含文件 iomanip.h。运行结果如图 4-11 所示。

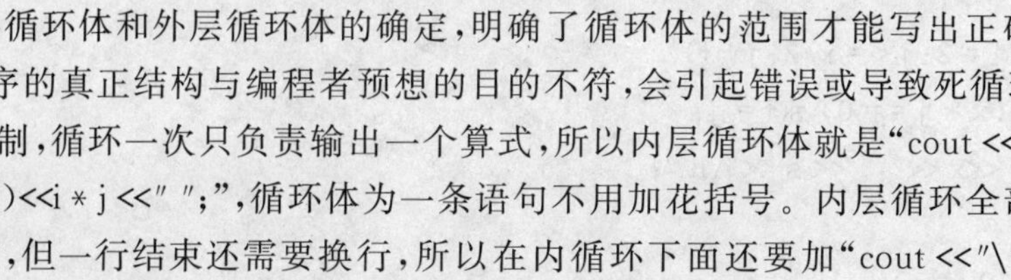

图 4-11 实例 4-8 运行结果

注意内层循环体和外层循环体的确定,明确了循环体的范围才能写出正确的双层循环程序,否则程序的真正结构与编程者预想的目的不符,会引起错误或导致死循环。上例中内层循环由 j 控制,循环一次只负责输出一个算式,所以内层循环体就是"cout <<i <<" * "<<j <<" = "<< setw(2)<<i * j <<" ";",循环体为一条语句不用加花括号。内层循环全部执行完就输出了一行算式,但一行结束还需要换行,所以在内循环下面还要加"cout <<"\n ";",也就是说每行行尾都要输出回车,所以"cout <<"\n ";"也属于外层循环体,那么外层循环体就成了两条语句,分别是"for(j = 1;j <= i;j ++)cout <<i <<" * "<< j <<" = "<< setw(2)<<i * j <<"

";"和"cout ≪"\n";",此时就需要在这两条语句前后加花括号了。请读者思考,上例中的循环部分若编程者没搞清内外层循环体范围写成以下几种形式会出现什么结果。

(1) for(i = 1;i <= 9;i++)

　　for(j = 1;j <= i;j++)

　　　cout ≪ i ≪" * "≪ j ≪" = "≪ setw(2)≪i * j ≪" ";

　　cout ≪"\n ";

(2) for(i = 1;i <= 9;i++)

　　for(j = 1;j <= i;j++)

　　{

　　　cout ≪ i ≪" * "≪ j ≪" = "≪ setw(2)≪i * j ≪" ";

　　　cout ≪"\n ";

　　}

(3) for(i = 1;i <= 9;i++)

　　{

　　for(j = 1;j <= i;j++)

　　　cout ≪ i ≪" * "≪ j ≪" = "≪ setw(2)≪i * j ≪" ";

　　}

　　cout ≪"\n ";

循环的嵌套是本课程的难点,必须搞清楚内外循环体的范围,才能在正确的位置加上花括号。有的程序需要注意变量赋初值的位置,要放在外循环之前、内循环之前还是内循环中,都需要认真分析程序的结构。

实例 4-9 计算 10～20 间每个数的所有因子(包括 1 和它本身)之和。

分析:用 x 存放 10～20 间的数,这是一层循环。在求 x 的因子和时,它的因子范围是 2～x/2,用变量 j 取遍这些数,若 x%j 为 0 则 j 就是一个因子,将其累加即可,1 和它本身可以作为因子和变量的初值。

```cpp
#include <iostream.h>
int main( )
{
    int x,j,s;
    for(x = 10;x <= 20;x++)
    {
        s = 1 + x;
        for(j = 2;j <= x/2;j++)
            if(x % j == 0) s += j;
        cout ≪x ≪": "≪ s ≪"\n ";
    }
    return 0;
}
```

运行结果如图 4-12 所示。

```
10: 18
11: 12
12: 28
13: 14
14: 24
15: 24
16: 31
17: 18
18: 39
19: 20
20: 42
```

图 4-12 实例 4-9 运行结果

很多初学者都习惯将累加和变量的初值放在程序开头,循环嵌套的程序就不能这样做,一定要分析好变量赋初值的位置。对于本题,x 每取一个值都要将其因子和累加到 s,故 s 的赋值应在外循环的起始处。对于每一个 x,先将累加和变量赋初值,再通过内循环寻找其他因子并累加,最后输出该数与其因子和,由此可知外循环体范围。内循环只是找到因子就累加,仅一条 if 语句,故不需加花括号。

实例 4-10 输出如下图形。

```
*
* *
* * *
* * * *
```

分析:本例与例 4-8 有相似之处。共四行信息,可以编行号为 1、2、3、4,每行从行首开始输出星号,星号个数恰与行号一致。外循环执行一次输出一行,用 i 控制行号,则 i 取值为 1 到 4。在处理第 i 行时,内循环执行一次输出一个星号,共输出 i 个星号,用 j 控制内循环,其取值范围是 1 到 i,每取一个值就输出一个星号。在 i 个星号输出之后换行。

```cpp
#include <iostream.h>
int main( )
{
    int i,j;
    for(i = 1;i <= 4;i++)
    {
        for(j = 1;j <= i;j++) cout << " * ";
        cout << "\n ";
    }
    return 0;
}
```

此类问题的关键就是找出每行要输出的字符个数与行号之间的关系。

4.5 典型算法

实例 4-11 从键盘输入一个整数 n，判断 n 是否是素数。

分析：对数 n 用 2～$\sqrt{n}$（用循环控制变量 i 取这些值）之间的数逐个去除，若某次 n 能被 i 整除，则提前跳出循环，说明 n 不是素数，此时 i<=k(k 取$\sqrt{n}$)。如果 i 取遍了所有的值 n%i==0 从未成立过，则循环正常结束，这种情况下 n 为素数，此时 i>k，故可经此判断后输出是否素数的信息。

```cpp
#include <iostream.h>
#include <math.h>
int main( )
{
    int n,i,k;
    cin>>n;
    k = sqrt(n);
    for(i = 2;i<=k;i++)
        if(n%i==0) break;
    if(i>k) cout <<n <<" is a prime number\n ";
    else cout <<n <<" is not a prime number\n ";
    return 0;
}
```

运行结果如图 4-13 所示。

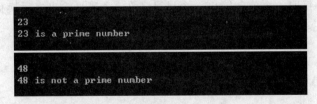

图 4-13　实例 4-11 运行结果

实例 4-12 输出 100 到 200 之间的所有素数。

分析：与上例相比，需要判定的数变成一批连续的数据，可以在上例基础上在外面加一层外循环，使得 n 在 100～200 间取值。

```cpp
#include <iostream.h>
#include <iomanip.h>
#include <math.h>
int main( )
{
    int n,i,k,count = 0;
```

```
for(n = 101;n < 200;n += 2)
{
  k = sqrt(n);
  for(i = 2;i <= k;i++)
    if(n % i == 0) break;
  if(i > k)
  {
    cout << setw(5)<< n;
    count++;
  }
  if(count % 10 == 0) cout <<"\n ";
}
return 0;
}
```

本程序中,外层循环表示对 100～200 间的数逐个判断是否是素数,由于 2 以上的所有偶数均不是素数,因此可以使循环控制变量每次增 2。在内层循环中则对数 n 用 $2～\sqrt{n}$(用内层循环控制变量 i 存放)逐个去除,若某次可以整除则跳出该层循环,说明不是素数。如果没有一个 i 值可以使 n%i==0 成立,即 n 没有除 1 和本身之外的其他因子,则 n 为素数,此时有 $i>\sqrt{n}$,故可经此判断后输出素数,然后转入下一次外循环。

注意在前面曾介绍到 break 语句的作用是结束本层循环,在本例中,break 语句属于内层循环体,所以若有 n%i==0 成立要退出时是退出 i 所控制的内层循环,不是结束整个双循环。

count 变量用来统计素数的个数,为了输出结果更加规整,用此变量可以控制输出 10个素数换行。运行结果如图 4-14 所示。

图 4-14　实例 4-12 运行结果

实例 4-13 统计一个整数的位数,并按逆序输出该数的所有位数。

分析:考虑到可能输入比较大的整数,应将变量定义为长整型。基本思想是循环一次能将数的一位分离出来并计数,因为数的位数待求,所以从高位分离不可能,只能从低位开始。取一个数的最低位可以用 n 模 10 来实现,想要将十位也用模 10 的方法取出的话,那么可以将 n 值变为 n/10,直到 n 值变为 0。以 345 为例,变量 n 的初值为 345,输出最低位 n%10,就是个位数 5,n 值变为 n/10 即 34,分离出一位计数器增到 1;第二次循环 n 值为 34,输出当前 n 值的最低位 n%10,就是十位数 4,n 值变为 n/10 即 3,又分离出一位计数器增到 2;第三次循环 n 值为 3,输出当前 n 值的最低位 n%10,就是百位数 3,n 值变为 n/10 即 0,又分离出一位计数器增到 3,此时 n 值为 0 循环结束。

```
#include <iostream.h>
```

```
#include <iomanip.h>
int main( )
{
  long n;
  int count = 0;
  cout <<" Enter a number: ";
  cin >> n ;
  if(n <0) n = - n;
  while(n ! = 0)
  {
    cout << setw(3)<<n % 10;
    n = n / 10;
    count ++;
  }
  cout <<" \nIt contains "<< count <<" digits. \n ";
  return 0;
}
```

本程序中语句" if(n <0) n=－n; "是考虑到有可能输入负数,在处理前将其取绝对值变成正值。运行结果如图 4-15 所示。

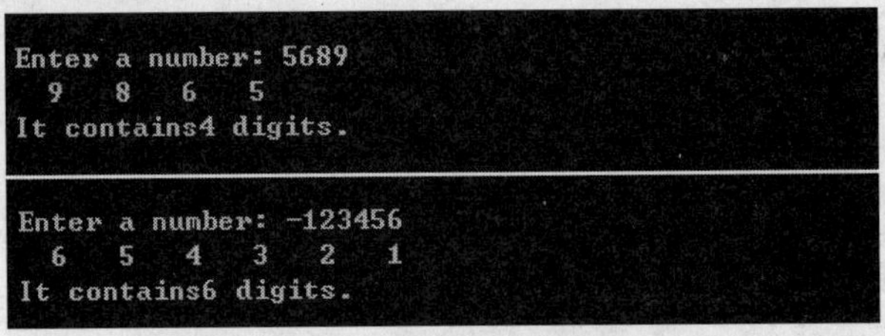

```
Enter a number: 5689
   9  8  6  5
It contains4 digits.

Enter a number: -123456
   6  5  4  3  2  1
It contains6 digits.
```

图 4-15 实例 4-13 运行结果

实例 4-14 输出数列 $a_1 = 1$, $a_2 = 3$, $a_n = a_{n-1} + 2 * a_{n-2}$ (n>=3)的前 10 项。

分析:数列中的数如下所列,需要设定三个变量 a1、a2、an 分别存放数列中相邻的三个数,已知前两项为 1 和 3,故 a1 初值为 1,a2 初值为 3,从第三项开始就用循环计算,第一次循环时,用 a1 和 a2 套用数列通项公式计算出下一项存放到 an。为了每次循环都可以用同样的方式将新的一项算出并仍然存放到 an,就需要将当前的 an 赋给下次循环的 a2,将当前的 a2 赋给下次循环的 a1。过程如下所示:

```
1      3      5      11     21     43     ...
a1     a2     an
              ↓      ↓
       a1     a2     an
```

```
#include <iostream.h>
int main( )
{
```

```
int a1 = 1,a2 = 3,an,i;
cout << a1 <<" "<< a2 <<" ";
for(i = 3;i <= 10;i++)
{
    an = 2 * a1 + a2;
    a1 = a2;
    a2 = an;
    cout << an <<" ";
}
cout <<"\n ";
return 0;
}
```

通过循环计算的是第三项到第十项,故 i 值从 3 到 10,本题中 i 只控制循环次数为 8 次,当然其取值也可以是 1 到 8。运行结果如图 4-16 所示。

```
1 3 5 11 21 43 85 171 341 683
```

图 4-16 实例 4-14 运行结果

实例 4-15 求 1! +2! +3! + … +10!

分析:求 1 到 10 的阶乘和,用 i 存放 1 到 10,循环中将 i 的阶乘累加即可。因阶乘运算存在如下性质:$i! = (i-1)! * i$,若用 t 表示 $i!$,则新 i 的阶乘等于旧 i 的阶乘乘以新 i,即 $t = t * i$。

```
# include <iostream.h>
int main( )
{
    int i;
    long t = 1,s = 1;
    for(i = 2;i <= 10;i++)
    {
        t = t * i;
        s = s + t;
    }
    cout << s <<"\n ";
    return 0;
}
```

本题还可以将 i! 通过内循环进行 1 到 i 的累乘,程序结构就成了双循环,请读者思考这种结构下应如何编程,当然相比之下还是循环层数越少越好。运行结果如图 4-17 所示。

```
4037913
```

图 4-17 实例 4-15 运行结果

思考和练习题

一、选择题

1. 对 for(表达式 1;;表达式 3)可理解为(　　　)。

A. for(表达式 1;0;表达式 3)　　　　　B. for(表达式 1;1;表达式 3)

C. for(表达式 1;表达式 1;表达式 3)　　D. for(表达式 1;表达式 3;表达式 3)

2. 下面程序段的输出结果是(　　　)。

```
int k;
for(k = 4;k <= 8;k++)
if(k % 5 == 0) k++;
else cout << k <<" ";
```

A. 4 6 7 8　　　　　　　　　　　　　　B. 4 6 7 8 9

C. 4 7 8　　　　　　　　　　　　　　　D. 4 5 6 7 8 9

3. 若定义 int k;则以下表述正确的是(　　　)。

```
for(k = 2; k! = 0; k++) cout << k;
```

A. 此语句构成死循环　　　　　　　　　B. 循环体 1 次也不执行

C. 循环条件永远也不成立　　　　　　　D. 循环体执行 2 次

4. 设有如下 for 循环,则该循环体执行的次数是(　　　)。

```
for(m = 1;m < 10;m++) if(m % 6 == 0) break;
```

A. 9　　　　　　　　B. 6　　　　　　　　C. 7　　　　　　　　D. 8

5. 有如下程序:

```
# include <iostream.h>
int main( )
{
  int x = 3;
  do
    cout << x--;
  while(! x);
  return 0;
}
```

该程序的执行结果是(　　　)。

A. 3　　　　　　B. 32　　　　　　　　C. 3210　　　　　　　D. 陷入死循环

6. 对于程序段:

```
int t = 0;while(t = 1) {...}
```

叙述正确的是(　　　)。

A. 循环条件为假　　　　　　　　　　　B. 循环条件为真

C. 表示循环条件的表达式不合法　　　　D. 以上说法都不对

7. 下面程序段的输出结果是(　　　)。

int k;

for(k = 4;k <= 10;k++)

if(k % 5 == 0) { k++; break; }

else cout << k << " ";

cout << k << " ";

A. 4 5 6　　　　　　B. 4 6　　　　　　C. 4 5 7　　　　　　D. 4 5

8. 循环体至少执行 1 次的循环语句是(　　　)。

A. while 语句　　　　　　　　　　B. do-while 语句

C. for 语句　　　　　　　　　　　D. break 语句

二、填空题

1. 设 i,j,k 均为 int 型变量,则执行完下面的 for 语句后:for(i = 0, j = 10; i <= j; i++, j--)k = i + j;k 的值为_____。

2. 设有如下 for 循环:

for(m = 1; m <= 10; m += 2) cout << m << " ";

则该循环体执行的次数是_____。

3. 先执行循环体后判定条件的循环语句是_____。

4. 如下程序段的输出结果是_____。

i = 2;

while(i > 0) cout << i - << " ";

5. 当 j 是 9 的倍数时结束循环,那么循环条件可表示为_____。

三、判断题

1. for(; ;) i++;中的循环体语句必执行无穷多次。　　　　　　　　　(　　　)

2. 可以用 for 语句实现的循环不一定可以用 while 语句实现。　　　　(　　　)

3. 用 break 语句可提前退出循环。　　　　　　　　　　　　　　　　(　　　)

4. 只能在循环体内和 switch 语句体内使用 break 语句。　　　　　　(　　　)

5. break 和 continue 的作用不一样。　　　　　　　　　　　　　　　(　　　)

6. 程序段 while(i <= 10) ; s += i;中 s += i;属于 while 语句的循环体。(　　　)

7. 语句 for(i = 1;s = 0;i <= 10 ; i++)s += i;没有语法错误。　　　　(　　　)

8. 循环体语句要么全被执行要么一条也不被执行。　　　　　　　　　(　　　)

四、写出下列程序的运行结果

1. ```
#include <iostream.h>
int main( )
{
  int n = 0;
  while(n <= 2)
    { cout << n << ","; n++; }
```
```

```
        cout << n <<"\n";
        return 0;
    }
```
结果：_____

2. ＃include <iostream.h>
```
    int main( )
    {
        int i,j;
        for(i = 2;i <= 3;i++)
        {
            for(j = 1;j <= i;j++)
                cout <<i <<" + " <<j <<" = "<<i + j <<" ";
            cout <<"\n ";
        }
            return 0;
    }
```
结果：_____

五、程序填空

1. 某地需要搬运砖块,已知男人一人搬 3 块,女人一人搬 2 块,问用 40 人正好搬 100 块砖,男人女人各需要多少人?
```
＃include <iostream.h>
int main( )
{
    int m,w;
    for(m = 0; m <= 40; m++)
        for(w = 0; w <= 40; w++)
            if(_____)
    cout <<" men = "<<m <<" women = " <<w <<" \n ";
    return 0;
}
```

2. 从键盘输入 10 个数,输出其中的所有负数,并输出所有负数的和。
```
＃include <iostream.h>
int main( )
{
    int i,m,sum = 0;
    for(i = 1;i <= 10;i++)
    {
        cin >> m;
        if(m <0)
        {
            cout <<m <<" \n ";
```

```
        _____
      }
    }
    cout << sum <<" \n " ;
    return 0;
}
```

3. 从键盘上输入 10 个学生的成绩,统计并输出最高成绩和最低成绩。

```
# include <iostream. h>
int main( )
{
    float x, amax ,amin; int i;
    cin >> x;
    amax = x; amin = x;
    for(i = _____ ;i <= 10;i++)
    {
        cin >> x;
        if( x > amax) _____
        if(_____) amin = x;
    }
    cout <<" amax = "<< amax <<"\namin = "<< amin;
    return 0;
}
```

4. 计算 2+22+222+2222。

```
# include <iostream. h>
int main( )
{
    int i,t,s;
    for(i = 1,t = 2, _____ ;i <= 4;i++)
    {
        s = s + t;
        t = _____ ;
    }
    cout << s;
    return 0;
}
```

5. 下列程序的功能是输入一个整数,判断是否是素数,若为素数输出 1,否则输出 0。

```
# include <iostream. h>
int main( )
{
```

```
    int i, x, y = 1;
    cin >> x;
    for(i = 2; i <= x/2; i++)
        if(_____)    { y = 0;_____}
    cout << y;
    return 0;
}
```

6. 下面程序的功能是从键盘输入若干对数,每对数由小到大排序输出,当输入一对相等数时结束循环。

```
# include <iostream.h>
int main( )
{
    int a,b,t;
    cin >> a >> b;
    while(_____)
    {
        if(a>b)
        {
            t = a;a = b;b = t;
        }
        cout << a <<","<< b <<"\n ";
        cin >> a >> b;
    }
    return 0;
}
```

7. 输出整数 x 除 1 和本身外的所有因子,并统计因子个数。

```
# include <iostream.h>
int main( )
{
    int x,i,s = 0;
    cin >> x;
    for(i = 2;_____;i++)
        if(_____) { cout << i <<" "; _____}
    cout <<"\n "<< s;
    return 0;
}
```

8. 计算 22−33＋44−55＋66。

```
# include <iostream.h>
int main( )
```

```
{
    int i,s = 0,j = 11;
    for(i = 2;i <= 6 ;i++)
    {
        s = _____
        _____
    }
    cout << s;
    return 0;
}
```

六、程序设计题

1. 求 1+2+3+…+10+1/1+1/2+…+1/5。

2. 输出三位数中至少有两位相等的数。

3. 输出 200 到 300 间既是奇数又能被 5 整除的数。

4. 输出所有的水仙花数。水仙花数是指一个 3 位数,其各位数字立方和等于该数本身。

5. 输入一批学生成绩数据,直到输入-1 为止,统计 90 分以上、80～89、60～79、60 以下各分数段的人数。

6. 计算 1!+3!+5!。

7. 打印以下图案。

```
      *
    * * *
  * * * * *
* * * * * * *
```

8. 求两个正整数的最大公约数与最小公倍数。

第5章
数组与字符串

本章导读

前面我们编程所用的都是简单变量,只能存放单个数据,但有些问题简单变量很难有效地处理。如某单位有800个职员,现要求按工资降序排列,若定义大量简单变量,即使每个变量的操作相同也不能用一个语句完成。为处理方便,C语言用数组把具有相同类型的若干数据组织起来,每个数据称为一个数组元素,它们使用同一个名字,而每个数据再用序号区分,即只要用名字加序号就可以表示其中的一个数据,这个名字称为数组名,序号称为下标,用数组名加下标表示每个数组元素。

数组在解决实际问题中使用得非常广泛,常见的问题是对大批相同类型的数据做相同的处理,那么就可以将数组与循环结合起来编写出高效的程序。

本章要点

➤掌握一维数组的定义及应用。
➤掌握二维数组的定义及应用。
➤灵活应用字符数组解决实际问题。
➤掌握字符串处理函数的应用。

5.1 设计一个简单的数组程序

5.1.1 实例解析

通过编写几个简单的实例来熟悉数组的应用方法。

实例 5-1 求解 N 个学生某门课程的最高分。

分析:可以将 N 个数存放到数组中,通过一个循环求出最大值。在批量数据中求最大值 max,要先将第一个数看作最大值,用后面的每个数与 max 进行比较,若某个数大于 max 则将此数赋给 max。求最小值的方法类似。

```
#include <iostream.h>
#define N 10
```

```
int main( )
{
    int i,a[N],max;
    for(i = 0;i < N;i++)
        cin >> a[i];
    max = a[0];
    for(i = 1;i < N;i++)
        if(a[i] > max)   max = a[i];
    cout <<" max:"<<max <<"\n ";
    return 0;
}
```

运行结果如图 5-1 所示。

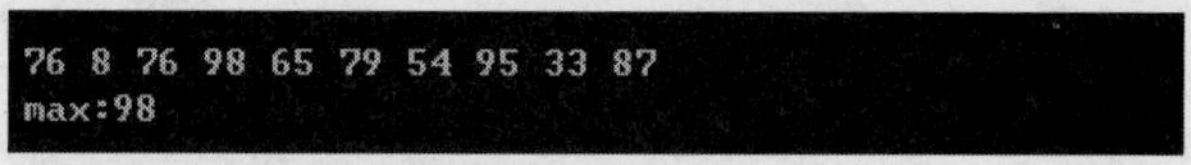

```
76 8 76 98 65 79 54 95 33 87
max:98
```

图 5-1　实例 5-1 运行结果

实例 5-2　将 1 个字符串逆序存放。

分析:若原串是 a b c d e f g,则处理之后串变为 g f e d c b a。对比处理前后每个字符在两个串中的位置,可以发现将串的首字符与尾字符交换,第二个字符与倒数第二个字符交换……直到串的最中间。应定义要交换的两元素的下标变量 i 和 j,i 初值为 0(首字符下标);j 初值为串长减 1(任一字符串其结束标志的下标总是串长,尾字符下标总是串长减 1)。循环处理到串最中间,则 i<j 时循环交换一对字符。

```
# include <stdio.h>
# include <string.h>
int main( )
{
    char s[20],t;
    int i,j;
    gets(s);
    for(i = 0,j = strlen(s) - 1;i < j;i++,j--)
    {
        t = s[i];   s[i] = s[j];   s[j] = t;
    }
    puts(s);
    return 0;
}
```

本例中用到测串长度函数 strlen,它可以检测串的有效字符个数。对于每个字符串都有一个串结束标志'\0',它总是在串的最后一个有效字符的后面,它的下标就是串长,所以串尾字符的下标是串长减 1。用到函数 strlen 时需在程序首部包含文件 string. h,gets 函数和 puts 函数是用来输入输出字符串的,用到这两个函数时需在程序首部包含文件 stdio. h。运行结果如图 5-2 所示。

图 5-2　实例 5-2 运行结果

本例要求逆序存放而不是逆序输出,故如下方法编程虽然运行结果与上面程序相同但不符合题意。

```
# include <stdio.h>
# include <iostream.h>
# include <string.h>
int main( )
{
    char s[20];
    int j;
    gets(s);
    for(j = strlen(s) - 1; j >= 0; j--)
      cout << s[j];
    cout <<"\n ";
    return 0;
}
```

5.1.2　数组概述

前面使用的简单变量属于基本类型,变量中只能存放一个数据,对于批量相同类型数据的处理可以借助一种叫作数组的数据类型来高效地完成。

在 C 语言中,数组属于构造数据类型。一个数组可以分解为多个数组元素,这些数组元素可以是基本数据类型,也可以是构造类型。按数组元素的类型不同,数组又可分为数值型数组、字符型数组、指针型数组、结构体型数组等各种类别,本章介绍数值型数组和字符型数组。

如某单位有 800 个职员,现要求按工资降序排列,可以将所有职员的工资存放到数组 x 中,其中包括 800 个数据,也就是说该数组有 800 个元素,若从 0 开始编号,序号就是 0 到 799,即数组元素的下标是 0 到 799。数组元素用数组名加下标的形式来表示,则 x_0 就是第一个人的工资,用 x[0] 表示,x_{799} 就是最后一个人的工资,用 x[799] 表示。在 C 语言中,数组元素的下标都是从 0 开始的,所以最后一个元素的下标总是元素个数减 1,元素个数也称作数组的长度。

5.2 一维数组

5.2.1 一维数组的定义和初始化

将同类型的多个数据看作是一行,那么这一行数据就可以用一维数组存放。使用一维数组也需要先定义,给出数据的类型、数据个数与数组名。

一维数组定义的一般形式为:

类型说明符 数组名[常量表达式],…;

其中类型说明符是任一种基本数据类型。数组名的命名规则与变量相同。方括号中的常量表达式表示数组元素的个数,也称为数组的长度。一条语句中可以定义相同类型的若干个数组。例如:

```
int a[10];              /* 定义整型数组 a,有 10 个元素。*/
float b[10],c[20];      /* 定义实型数组 b,有 10 个元素,实型数组 c,有 20 个元素。*/
char ch[20];            /* 定义字符数组 ch,有 20 个元素。*/
```

对于一维数组的定义应注意以下几点:

(1) 数组的类型实际上是指数组元素的类型。对于同一个数组,其所有元素的数据类型都是相同的。

(2) 在 C 语言中规定,数组名就代表了该数组的首地址。整个数组是从首地址所对应的内存单元开始的一块连续存储区域,元素在其中按照下标由小到大的顺序存放,其所占内存字节数=数组长度 * 单个元素所占内存字节数。注意数组名不能与其他变量名相同。例如:

```
int a;
float a[10];
```

是错误的。

(3) 方括号中常量表达式表示数组元素的个数,如 int a[5];表示数组 a 有 5 个元素。但其数组元素的下标从 0 开始,因此 5 个元素分别为 a[0]、a[1]、a[2]、a[3]、a[4],不存在元素 a[5]。因为数组元素在内存中是顺序存放的,如果在程序中错误地使用了元素 a[5],将出现下标越界,但这个错误编译系统不检测也不给出出错信息,编译系统会把它认为是数组 a 的最后一个元素 a[4]的下一个单元所存的数据。因此初学者要特别注意引用数组元素时下标的合法性问题,避免使用非法数组元素。

(4) 定义数组时不能在方括号中用变量或包括变量的表达式来表示元素的个数,但可以是符号常量或常量表达式,如"int x[2 * 3];"是合法的。也就是说数组的大小在定义时必须是固定的,不依赖于程序运行过程中变量的值。例如,下面这两种定义都是错误的:

```
① int n;
   cin >> n;
   int a[n];
② int n = 10;
```

int a[n];

在编程时常用符号常量说明数组的长度,例如:

#define N 9

...

int a[N];

这样做可以增加程序的通用性,它适用于任意长度整型数组的处理,当数组长度改变时只要修改符号常量 N 的值即可,本章中的部分程序就是这样编写的。

(5) 允许在同一个类型说明中定义多个数组和多个变量。例如:

int a,b,k1[10],k2[20];

有些时候数组元素的值在定义时就确定了,那么就可以采用初始化的方式用一条语句既定义数组又给数组元素赋初值。

一维数组初始化的一般形式为:

类型说明符 数组名[数组长度]={初值表};

在花括号中的各数据即为数组元素的初值,各值之间用逗号间隔。例如:

int a[4]={0,1,2,3 };

等价于

int a[4];

a[0]=0; a[1]=1;a[2]=2;a[3]=3;

除对所有元素都赋初值外,一维数组的初始化还有以下形式:

① 可以只给部分元素赋初值。当花括号中值的个数少于元素个数时,只给前面部分元素赋值,后面元素默认为 0 值。例如:int a[10]={0,1,2,3,4};表示只给 a[0]~a[4]5 个元素依次赋值为 0、1、2、3、4,而后 5 个元素自动赋 0 值。

② 若初值表中列出的是全部元素的初值,由于数据的个数已经确定,因此在数组定义中可以省略数组元素的个数。例如:

int a[5]={1,2,3,4,5};

可写为:

int a[]={1,2,3,4,5};

注意只能给元素逐个赋值,不能给数组整体赋值。例如给 5 个元素全部赋值为 1,只能写为:

int a[5]={1,1,1,1,1 };

而不能写为:

int a[5]=1;

也不能写为:

int a[5]={1};

5.2.2 一维数组的引用

数组经过定义并且其元素值确定后,就可以使用数组元素了。数组元素引用的一般形式为:

数组名[下标]

其中的下标可以是整型常量、整型变量或整型表达式,如:a[i]=a[5]+a[2*3]。元素的下标值从 0 开始,即数组 a 的首元素是 a[0],最后一个元素是 a[数组长度-1],合法的数组元素的下标值总是 0 到数组长度-1。在引用数组元素时,需要格外注意下标越界的问题,此类错误编译系统不提示出错,所以很难排除错误。引用元素时的下标和数组定义中的数组长度在形式上相似,都有方括号,但这两者具有完全不同的含义。数组定义的方括号中给出的是数组长度,即数组元素的个数;而数组元素中的下标是该元素在数组中的位置标识,其表示范围从 0 开始到数组长度减 1。前者只能是常量,后者可以是常量、变量或表达式。

C 语言规定只能逐个引用数组元素,而不能一次引用整个数组。例如,输出有 10 个元素的数组必须使用循环语句逐个输出各元素:

```
for(i = 0; i < 10; i++)
    cout << a[i]<<"  ";
```

而不能一次性输出整个数组,下面的写法是错误的:

```
cout << a;
```

因为数组名表示数组的起始地址,实际上输出的是数组起始地址值。

实例 5-3　输出数据序列 $1,4,9,16,25,\cdots,100$。

分析:仔细观察数据序列后可以发现这些数据就是 1 到 10 的平方。共输出 10 个数的平方,可以考虑将它们先存放到长度为 10 的数组中,再输出每个数组元素。因为元素的下标从 0 开始,第 0 个元素是 1 的平方,第 i 个元素是 i+1 的平方,这样元素的赋值规律就找到了。

```
#include <iostream.h>
int main()
{
    int i,a[10];
    for(i = 0;i <= 9;i++)
    {
        a[i] = (i + 1) *(i + 1);
        cout << a[i]<<"  ";
    }
return 0; }
```

运行结果如图 5-3 所示。

```
1  4  9  16  25  36  49  64  81  100
```

图 5-3　实例 5-3 运行结果

从上例可以看出,若数组元素值有规律可循,就通过循环直接给元素赋值,否则就从键盘输入。注意循环控制变量由存放元素下标的变量担当,这一循环形式就是数组处理时的一种模式,所以通常循环控制变量的取值是 0 到数组长度-1。

实例 5-4　输入 10 个整数,求其平均值与最小值。

分析：将 10 个数存放到数组中,通过一个循环求累加和与最小值,最后求出平均值。在求最小值时可以用一个变量 k 存放最小值元素的下标,那么就可以用 a[k] 表示最小值。先把首元素看作最小值,那么 k 的初值就是 0。若有某个 a[i] < a[k],则遇到一个新的较小值,那么再记录这个值的下标 i,把它作为当前最小值的下标 k 的新值。

```
# include <iostream.h>
int main( )
{
    int i,a[10],k,s;
    for(i = 0;i <= 9;i++)  cin >> a[i];
    s = a[0];
    k = 0;
    for(i = 1;i <= 9;i++)
    {
        s = s + a[i];
        if(a[i] < a[k])  k = i;
    }
    cout <<" average = "<< s/10.0 <<" min = " << a[k]<<"\n ";
    return 0;
}
```

运行结果如图 5-4 所示。

```
65 56 78 87 64 98 89 26 81 56
average=70 min=26
```

图 5-4 实例 5-4 运行结果

上例中随机输入数值给数组元素,可以通过循环输入的方法来做,循环控制还是由下标变量完成。因为求最小值时先将首元素看作最小,即"k=0;",再用后面元素与 a[k] 比较,后面元素的下标从 1 开始,这就决定了循环变量 i 应从 1 开始,那么求累加和时就可以也用 a[0] 作为求和变量的初值。注意,在输入数据时应该用空格作为数据间的间隔。

实例 5-5 输出 Fibonacci 数列的前 20 项。此数列为：$a_1 = 1$, $a_2 = 1$, $a_n = a_{n-1} + a_{n-2}(n >= 3)$。

分析：可以定义一个长度为 20 的数组存放数据,数列前两项是 1,可以通过初始化的方法赋给数组前两个元素,其他元素通过循环求出,所以第一个循环是求数列后 18 个数,这些数在数组中的下标从 2 到 19。对于元素 f[i],它的前一项应是 f[i-1],后一项是 f[i+1]。从数列通项可以发现某一项是前两项之和,若求 f[i],则其前面两项用 f[i-1] 和 f[i-2] 表示。

```
# include <iostream.h>
# include <iomanip.h>
int main( )
{
```

```
int i,f[20] = {1,1};
for(i = 2;i <= 19;i++)
    f[i] = f[i-2] + f[i-1];
for(i = 0;i <= 19;i++)
{
    if(i % 5 == 0)
        cout <<"\n ";       /* 控制换行,每行输出 5 个数据 */
    cout << setw(6)<< f[i];
}
cout <<"\n ";
return 0;
}
```

运行结果如图 5-5 所示。

```
   1      1      2      3      5
   8     13     21     34     55
  89    144    233    377    610
 987   1597   2584   4181   6765
```

图 5-5　实例 5-5 运行结果

实例 5-6　输入 5 个整数,再输入 1 个数 x,在数组中查找 x,如果找到则输出相应的下标,否则输出"Not Found"。

分析:用数组的每个元素与 x 比较,若相等输出相应下标,只要遇到相等的元素就可以结束循环。程序中可以设定一个特殊的变量 flag,用它表示是否找到 x,flag 取 0 表示没有找到,取 1 表示找到了。将 flag 初值设为 0,假设没有找到,在循环比较过程中若找到则将其值重新赋为 1 并同时输出相应的下标。当循环结束时若 flag 值仍为 0 则表示没找到,这时应该输出"Not Found"。

```
#include <iostream.h>
int main( )
{
    int i, flag, x, a[5];
    cout <<"Enter 5 integers: ";
    for(i = 0; i < 5; i++) cin >> a[i];
    cout <<"Enter x: " ;
    cin >> x;   flag = 0;
    for(i = 0; i < 5; i++)
        if(a[i] == x)
        {
            cout <<" Index is "<<i <<"\n ";
            flag = 1;
            break;
```

```
        }
    if(flag = = = 0)    cout <<" Not Found\n ";
    return 0;
}
```

运行结果如图 5-6 所示。

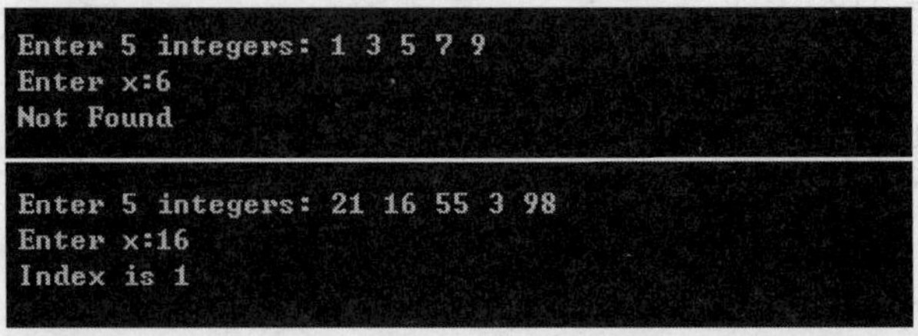

```
Enter 5 integers: 1 3 5 7 9
Enter x:6
Not Found

Enter 5 integers: 21 16 55 3 98
Enter x:16
Index is 1
```

图 5-6   实例 5-6 运行结果

本程序中的变量 flag 起到标识作用,取值代表着某种实际意义,像这样的变量称为标志变量,一般这种变量的取值比较少,大多数情况下只取 0 和 1。标志变量的使用可以增加程序的可读性,但要注意其初值的设定。第 4 章循环结构中判定素数一例也可以使用标志变量,请读者自行思考编制程序。

循环部分中的 if 语句限定当遇到 x 时输出其下标并退出循环,所以即使数组后面再有 x 也不会输出其下标,为了解决这种问题,想把所有 x 值的下标全都输出,可以将 if 语句中的"break;"删除,修改后的程序运行情况如图 5-7 所示。

```
Enter 5 integers: 3 6 9 8 6
Enter x:6
Index is 1
Index is 4
```

图 5-7   实例 5-6 程序删除"break"后的运行结果

实例 5-7   输入 10 个数,将其中的完全平方数存入数组中,并统计数组的元素个数,若没有完全平方数则输出"data does not exist"。

分析:可以定义两个数组 a 和 b,a 存放输入的 10 个数,b 存放完全平方数,需要一个统计 b 中元素个数的变量 n。对于某一个元素 a[i],可以使用表达式"fabs(sqrt(a[i]) - (int) sqrt(a[i]))<1e-6"判定 a[i] 是否是完全平方数,即若 a[i] 的平方根与它平方根的整数部分相等,则它是完全平方数,fabs 是求绝对值的函数。注意对于实型数据来说,两个量相等只能用两个量差的绝对值小于一个很小的数来表示,而不能用"= ="来直接比较。

```
# include <math. h>
# include <iostream. h>
int main( )
{
    int a[10],b[10], i, n = 0;
    cout <<" Enter 10 integers: ";
    for(i = 0; i < 10; i++)
    {
```

```
        cin >> a[i];
        if(fabs(sqrt(a[i]) - (int) sqrt(a[i])) < 1e - 6 )
        { b[n] = a[i];   n++;  }
    }
    if(n > 0)
    {
        cout << n <<"  data:";
        for(i = 0; i < n; i++)
            cout << b[i] <<"  ";
    }
    else
        cout <<" data does not exist ";
    cout <<"\n ";
    return 0;
}
```

运行结果如图 5-8 所示。

```
Enter 10 integers: 3 9 44 5 81 121 7 56 49 225
5  data:9  81  121  49  225


Enter 10 integers: 3 5 76 8 2 32 45 65 76 82
data does not exist
```

图 5-8　实例 5-7 运行结果

注意变量 n 的作用,除了计数之外同时还可以做 b 数组元素的下标,不需要再单独定义 b 数组元素的下标变量。

5.3　二维数组

5.3.1　二维数组的定义和初始化

将同类型的多个数据看作是若干行,每行又包括若干数据,那么这些数据就可以用二维数组存放。二维数组从横向看有若干行,从纵向看有若干列,在定义时要给出数组的行数以及列数。

二维数组定义的一般形式为:

类型说明符 数组名[常量表达式 1][常量表达式 2],…;

其中常量表达式 1 表示行数,也称第一维的长度;常量表达式 2 表示列数,也称第二维的长度。数组元素的个数=行数×列数。在表示数组元素时要在数组名后面加两个下标,分别为行下标与列下标,它们也都是从 0 开始的。

例如：

int a[3][4];

定义了一个三行四列的数组，数组名为 a，该数组共有 12 个数组元素，即：

a[0][0]，a[0][1]，a[0][2]，a[0][3]

a[1][0]，a[1][1]，a[1][2]，a[1][3]

a[2][0]，a[2][1]，a[2][2]，a[2][3]

二维数组在逻辑上是二维的，但实际的硬件存储器却是连续编址的，也就是说存储器单元是按一维线性排列的，这就有一个如何在一维存储器中存放二维数组的问题。C 语言中，二维数组元素在内存中存放时排列的顺序是：按行优先存放，即在内存中先顺序存放第一行的元素，再存放第二行的元素。

另外，可以把二维数组看作是一种特殊的一维数组：它的每个元素又是一个一维数组。如：如果把上面的 a 数组看作是一个一维数组，它有 3 个元素：a[0]，a[1]，a[2]，每个元素代表一行，又是一个包含 4 个元素的一维数组，这就是二维数组的一维化。

a[0]包含 a[0][0]、a[0][1]、a[0][2]、a[0][3]4 个元素。

a[1]包含 a[1][0]、a[1][1]、a[1][2]、a[1][3]4 个元素。

a[2]包含 a[2][0]、a[2][1]、a[2][2]、a[2][3]4 个元素。

这种处理方法常在对二维字符数组的操作中使用。

在一个数组被定义为二维数组后，对其元素的引用一定是数组名后加两个下标，若数组名后只有一个下标，那么一定就是表示某行这个整体。

可以在定义的同时对二维数组的元素进行初始化，方法有以下几种。

（1）全部元素赋初值，第一维的长度可以不给出，但第二维长度不可省略。其方法可分为以下两种。

① 分行赋初值。例如：

int a[3][4] = {{1,2,3,4},{5,6,7,8},{9,10,11,12}};

可写为：

int a[ ][4] = {{1,2,3,4},{5,6,7,8},{9,10,11,12}};

② 顺序赋初值。例如：

int a[3][4] = { 1,2,3,4,5,6,7,8,9,10,11,12};

可写为：

int a[ ][4] = {1,2,3,4,5,6,7,8,9,10,11,12};

以上这两种赋初值的结果是完全相同的，只是第一种比较直观。

（2）只对部分元素赋初值，未赋初值的元素自动取 0 值。

① 分行赋初值。例如：

int a[3][4] = {{1},{2},{3}};

每一行初值放在一个小花括号中，未赋值的元素取 0 值，则第 0 行为 1,0,0，第 1 行为 2,0,0，第 2 行为 3,0,0。

也可以对某行不赋初值，以一个空的花括号出现。例如：

int a[3][4] = {{1},{},{9,6}};

第 0 行为 1,0,0，第 1 行全 0，第 2 行为 9,6,0。

在这种情况下由于小花括号的个数与第一维长度相等,故第一维长度也可以省略。又例如:

```
int a[3][4] = {{1},{3}};
```

它的作用是只对第 0 行和第 1 行的部分元素赋初值,其余元素值自动为 0,在这种情况下第一维长度是不可省的。

② 顺序赋初值。例如:

```
int a[3][4] = {1,2,3,4,5,6,7,8};
```

其中 1,2,3,4 是第 0 行元素的值,5,6,7,8 是第 1 行元素的值,第 2 行元素为全 0。

5.3.2　二维数组的引用

二维数组元素的表示形式为:

数组名[行下标][列下标]

其中下标应为整型常量或整型表达式,如 a[2-1][i]。数组元素可以出现在表达式中,也可以被赋值,如:b[1][2]=a[2][3]/2。

注意行下标取值范围应该从 0 到行数减 1,列下标取值范围应该从 0 到列数减 1,要避免出现下标出界错误。如:

```
int   a[3][4];
...
a[3][2] = 2;          /* 行下标越界 */
a[2][4] = 3;          /* 列下标越界 */
a[3][4] = 5;          /* 行列下标都越界 */
```

编译系统对下标不做越界检查,故编程时必须人为注意下标越界问题。

一维数组在处理时常用单层循环,二维数组则需要用到双层循环,例如:

```
int a[3][4],i,j;
...
for(i = 0;i < 3;i++)
  for(j = 0;j < 4;j++)
    cin >> a[i][j];
```

以上程序段可以完成数组元素的输入,i 表示行下标,控制外循环,j 表示列下标,控制内循环。对于二维数组的处理,基本上都用上面这样的双循环模式。

实例 5-8　构造一个方阵,若元素行列下标用 i,j 表示,则元素值是 i^2+j。

分析:本题应将矩阵设为 N×N,元素的构造方式已给出,通过双循环将其元素依次赋值即可。

```
#define N 4
# include <iostream.h>
# include <iomanip.h>
int main( )
{
  int i,j,a[N][N];
```

```
    for(i = 0;i < N;i++)
      for(j = 0;j < N;j++)
        a[i][j] = i * i + j;
    for(i = 0;i < N;i++)
    {
      for(j = 0;j < N;j++)
        cout << setw(5)<< a[i][j];
      cout <<"\n ";
    }
    return 0;
}
```

运行结果如图 5-9 所示。

```
0    1    2    3
1    2    3    4
4    5    6    7
9   10   11   12
```

图 5-9 实例 5-8 运行结果

实例 5-9 有一个 3×4 的矩阵,求出其最大值,以及最大值所在的行号和列号。

分析:批量数据求最大值还是将第一个数看作最大值 max,用后面所有数与 max 比较,如有比 max 大的数,就将其置为新的 max 值。本题还要求确定最大值的行号列号,那么行号列号的初值应是第一个数的行列下标 0 和 0,在出现某一个 a[i][j]>max 时,将 i 和 j 记录到最大值的行号列号变量中。

```
# include <iostream.h>
int main()
{
  int i,j,row = 0,colum = 0,max;
  int a[3][4] = {{8,7,52,41},{9,18,37,66},{ -10,60, -25,2}};
  max = a[0][0];
  for(i = 0;i <= 2;i++)
    for(j = 0;j <= 3;j++)
      if(a[i][j]> max)
      {
        max = a[i][j];
        row = i;
        colum = j;
      }
  cout <<" max = "<< max <<",row = "<< row <<",colum = " << colum;
  cout <<"\n ";
  return 0;
```

```
}
```

运行结果如图 5-10 所示。

```
max=66,row=1,colum=3
```

图 5-10　实例 5-9 运行结果

如果不单独定义最大值变量,用 a[row][colum]也可以表示最大值,程序修改如下:

```
# include <iostream.h>
int main( )
{
  int i,j,row = 0,colum = 0;
  int a[3][4] = {{8,7,52,41},{9,18,37,66},{ - 10,60, - 25,2}};
  for(i = 0;i < = 2;i++)
    for(j = 0;j < = 3;j++)
      if(a[i][j] > a[row][colum] )
      { row = i; colum = j; }
  cout <<" max = "<< a[row][colum];
  cout <<",row = "<< row <<",colum = " << colum;
  return 0;
}
```

5.4　字符串与字符数组

5.4.1　字符串

以双引号作为定界符的若干字符组合称为字符串,如"Language"。在 C 语言中,用字符数组存放字符串,常会遇到数组长度大于字符串有效字符个数的情况,实际应用中,编程者更关心串的有效字符个数而不是数组的长度。与数值型数组不同的是,数值型数组一般长度与其中元素个数一致,但字符数组的长度通常与其中所存放字符串的有效字符个数不等,那么处理字符串时应遇到非有效字符时就停止,能起到这个控制作用的就是字符串结束标志'\0'。

字符串结束标志用字符'\0'表示,由于其 ASCII 码值为 0,它不是一个可以显示的字符,而是一个"空操作符",即它什么也不干,用它来作为字符串结束标志不会产生附加的操作或增加有效字符,只是作为一个供辨别的标志。如果有一个字符串,其中第 10 个字符为'\0',则此字符串的有效字符为 9 个,也就是说,遇到字符'\0'就表示字符串结束。其实每个字符串在其最后一个字符后面都有一个'\0',如"china"在内存中共占 6 个字节,除了有效字符外末尾还有结束标志'\0',也就是说字符串所占的字节数等于其有效字符个数加 1。

有了字符串结束标志后,字符数组的长度就显得不那么重要了。在编程时往往都是靠检测'\0'的位置判定字符串是否结束,而不是靠字符数组的长度决定是否结束对串的处理。

虽然数组长度不重要了,但在定义字符数组时也应估计实际字符串长度,应保证数组长度始终大于字符串实际长度。

5.4.2　字符数组的定义、初始化和引用

用来存放字符数据的数组称为字符数组,字符数组中的一个元素存放一个字符。字符数组定义的形式与前面介绍的数值型数组相同。例如:

char c[10],s[3][20];

以上定义了一个长度为 10 的一维字符数组 c,还定义了一个 3×20 的二维字符数组 s。

字符数组也允许在定义时作初始化赋值,没有赋初值的元素由系统自动赋予'\0'(空字符),其 ASCII 码为 0。例如:

char c[10] = {'h','a','p','p','y'};

初始化以后数组的状态如下:

c[0]	c[1]	c[2]	c[3]	c[4]	c[5]	c[6]	c[7]	c[8]	c[9]
h	a	p	p	y	\0	\0	\0	\0	\0

二维字符数组也可以初始化,其方法与二维数值型数组的初始化一样,还可以用字符串对字符数组进行初始化。例如:

char c[] = {"good"}; 或 char c[] = "good";

用逐个赋值方式初始化可以使用语句

char c[] = {'g', 'o', 'o', 'd'};

但这两种方式效果不同。前者数组长度为 5,后者数组长度为 4,读者应注意其区别,实际应用中常用字符串给字符数组初始化,这样做简单方便并且字符数组的有效字符后一定带有串结束标志,便于循环处理和调用字符串处理函数。上面的字符串初始化方式可等价于:

char c[] = {'g', 'o', 'o', 'd','\0'};

相比之下显然用串初始化更方便也更直观。

实际应用中常将数组长度定义得稍大些,以便存放长度不同的字符串,建议读者定义数组并初始化时不要省略数组长度。例如:

char c[20] = "good";

数组 c 的前四个元素依次是'g', 'o', 'o', 'd',c[4]值为'\0',c[4]后面所有元素也都是'\0',其中只有 c[4]的'\0'是字符串的结束标志,遇到此标志就表示串到此结束。

使用字符数组元素时,同样也要注意下标从 0 开始,避免下标越界错误。

5.4.3　字符串的输入输出

除了上述用字符串初始化的办法外,还可以一次性输入输出一个字符串,而不必使用循环语句逐个地输入输出每个字符。以下为几种字符数组输入输出的方法。

1. 用 cin 和 cout 输入输出字符串

实例 5-10　输入一个字符串,再将其原样输出。

```
#include <iostream.h>
```

```
int main()
{
    char st[20];
    cout <<″input string: ″;
    cin >> st;
    cout << st;
    return 0;
}
```
运行结果如图 5-11 所示。

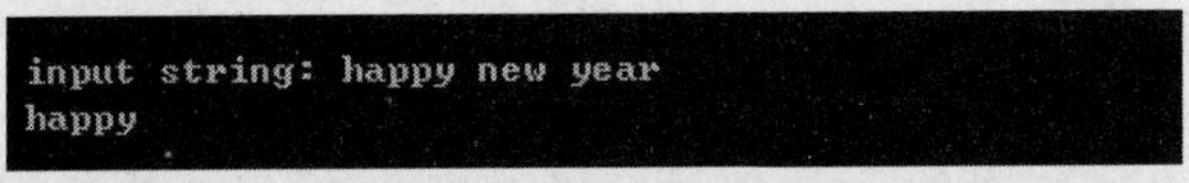

图 5-11　实例 5-10 运行结果

输入的字符串长度必须小于数组长度,留出一个字节用于存放字符串结束标志'\0'。定义字符数组时,如果不作初始化,则必须说明数组长度。特别需要注意的是,当用 cin 输入字符串时,字符串中不能含有空格,否则将以空格作为串的结束。当输入的字符串中含有空格时,遇到空格就认为给数组输入的串结束了,即使空格后面还有字符也不被接收。所以用此方法只能将不含空格的串输入给字符数组。以上运行过程输入的串中有空格,则遇到第一个空格就认为输入结束,故数组中接收的串为″happy″,输出时自然结果也是″happy″。在本程序中,数组长度大于字符串的实际长度,输出遇到'\0'结束,但输出结果中不包括'\0'。数组有效元素后存在若干'\0',输出时遇到第一个'\0'结束。输入输出时给出数组名即可,不需要加下标或方括号。

可以多设几个字符数组分段存放含空格的串。实例 5-10 可改写如下:

```
#include <iostream.h>
int main()
{
    char st1[6],st2[6],st3[6];
    cout <<″input string:\n″;
    cin >> st1 >> st2 >> st3;
    cout << st1 <<″ ″<< st2 <<″ ″<< st3;
    return 0;
}
```
运行结果如图 5-12 所示。

图 5-12　实例 5-10 修改后的运行结果

2. 字符串输入输出函数

（1）字符串输出函数 puts

puts 函数调用的一般形式为：

puts(字符数组名)；

其作用是将一个字符串（以'\0'结束的字符序列）输出到终端。例如：

char str[] = ″China ″;

puts(str)；

输出：

China

说明：① puts 函数的参数应该是一个字符数组名。

② 用 puts 函数输出的字符串中可以包含转义字符。例如：

char s[] = ″c++\nVB ″;

puts(str)；

输出：

c++

VB

③ 在输出时将字符串结束标志'\0'转换成'\n'，即输出完字符串后换行。

④ 注意，使用 puts 函数或 cout 输出字符数组内容时，数组中必须有'\0'，否则输出数组内容后可能会出现其他字符。例如：

```
#include <stdio.h>
int main( )
{
    char st1[] = {'y','e','a','r'};
    puts(st1);
    return 0;
}
```

运行上述程序结果如图 5-13 所示。

图 5-13　字符数组没有'\0'时的异常输出

因为使用 puts 函数或 cout 输出字符数组时，都是遇到'\0'结束，但程序中数组初始化时没有'\0'这个元素，所以在输出时有效字符后面还有其他字符，当真正遇到'\0'才结束输出。通过上例读者可以体会到'\0'在字符数组处理中的重要作用，所以为数组初始化时最好用字符串。若将程序中的数组定义改为：char st1[] = ″year″;再运行，则结果如图 5-14 所示。

图 5-14　用字符串初始化的字符数组的输出结果

⑤ 若初始化时串中包含'\0',那么输出时也是到这个'\0'结束,其后面的字符不起作用,不是数组的有效字符。例如:

```
#include <stdio.h>
int main( )
{
    char s[20] = "family\0home";
    puts(s);
    return 0;
}
```

上述程序运行结果如图 5-15 所示。

图 5-15 '\0'后面存在有效字符的字符数组的输出结果

(2) 字符串输入函数 gets

gets 函数调用的一般形式为:

gets(字符数组名);

其作用是为字符数组输入一个字符串。利用 gets 函数输入字符串时,数组可以接收包含空格在内的字符直到遇回车为止,这是 gets 函数与 cin 的重大差别。例如:

char s[20];

gets(s);

puts(s);

若输入:I am a student,则输出:I am a student。

注意,gets 和 puts 函数调用一次只能输入或输出一个字符串,不能写成 puts(str1, str2);或 gets(str1,str2);

如程序中使用 puts 和 gets 函数,则文件开头必须写上 #include <stdio.h>。

5.4.4 字符串处理标准函数

在 C 的函数库中提供了一些用来处理字符串的函数,使用起来非常方便,可大大减轻编程的工作量。用于输入输出字符串的函数在使用前应包含头文件"stdio.h",使用其他字符串处理函数则应包含头文件"string.h"。下面介绍几个最常用的字符串处理函数。

1. 字符串连接函数 strcat

strcat 函数调用的一般形式为:

strcat(字符数组名 1,字符数组名 2 或字符串);

其作用是把字符数组 2 或字符串中的字符串连接到字符数组 1 的后面,结果存放在字符数组 1 中,本函数的返回值是字符数组 1 的首地址。例如:

```
#include <stdio.h>
#include <string.h>
int main( )
```

```
{
    char st1[30] = "My name ";
    char st2[10] = "Liling ";
    strcat(st1, " is ");
    puts(st1);
    strcat(st1,st2);
    puts(st1);
    return 0;
}
```

以上程序运行结果为：

My name is

My name is Liling

在操作中要求字符数组 1 必须写成数组名形式（如 st1），其长度必须足够大，以便容纳连接后的新字符串。连接前两个字符串的后面都有一个'\0'，连接时将字符串 1 后面的'\0'去掉，只在新串最后保留一个'\0'即可。

2. 字符串复制函数 strcpy

strcpy 函数调用的一般形式为：

strcpy(字符数组名 1,字符数组名 2 或字符串)；

其作用是把字符数组 2 或字符串中的字符串复制到字符数组 1 中,并连'\0'也一同复制。例如：

```
# include < stdio. h >
# include < string. h >
int main( )
{
    char st1[10] = "Language ",st2[20];
    puts(st1);
    strcpy(st2 ," C++");
    puts(st2);
    strcpy(st1,st2);
    puts(st1);
    return 0;
}
```

以上程序运行结果为：

Language

C++

C++

上例中 strcpy(st1,st2);调用前 st1 各内存单元状况为：

L	a	n	g	u	a	g	e	\0	\0

调用后 st1 各内存单元状况为：

C	+	+	\0	u	a	g	e	\0	\0

虽然在 st1 的内存单元中还有元素'u'、'a'、'g'、'e'，但因为 strcpy 函数将 st2 的'\0'也复制过去了，在输出时遇'\0'结束，其后面的字符不起作用，故输出 st1 为" C++"。

本函数要求字符数组 1 长度必须足够大且不应小于字符数组 2 的长度，以便容纳被复制后的字符串。

注意不能用赋值语句将一个字符串或字符数组直接给一个字符数组。如下面两行都是不合法的：

str1 = "china";

str2 = str1;

只能用 strcpy 函数处理。

3. 字符串比较函数 strcmp

strcmp 函数调用的一般形式为：

strcmp(字符数组名 1 或字符串 1，字符数组名 2 或字符串 2)

其作用是比较两个字符串，并由函数返回比较结果。

如果字符串 1＝字符串 2，函数值为 0。

如果字符串 1＞字符串 2，函数值为一正整数。

如果字符串 1＜字符串 2，函数值为一负整数。

字符串比较的规则是：将两个字符串自左至右逐个字符相比（按 ASCII 码值比较），直到出现不同的字符或遇到'\0'为止。如全部字符相同，则认为相等；若出现不相同的字符，则将第一对不同字符的比较结果作为两字符串的比较结果，将这对不同字符的 ASCII 码差值作为函数返回值。

实例 5-11 比较两个字符串的大小。

```c
#include <stdio.h>
#include <string.h>
#include <iostream.h>
int main()
{
    int k;
    char st1[10],st2[10];
    gets(st1);
    gets(st2);
    k = strcmp(st1,st2);
    if(k == 0)
        cout <<"st1 = st2\n";
    else
        if(k > 0)
            cout <<"st1 > st2\n";
        else
```

```
        cout <<" st1 < st2\n ";
    return 0;
}
```

运行结果如图 5-16 所示。

图 5-16   实例 5-11 运行结果

本程序中比较两数组中的串,比较结果返回到变量 k 中,根据 k 值再输出结果。当然也可以不用变量 k,直接在 if 语句的条件中进行串的比较,修改后的程序如下:

```
# include < stdio.h >
# include < string.h >
# include <iostream.h>
int main( )
{
    char st1[10],st2[10];
    gets(st1);
    gets(st2);
    if(strcmp(st1,st2) == 0)
        cout <<" st1 = st2\n ";
    else
        if(strcmp(st1,st2)> 0)
          cout <<" st1 > st2\n ";
        else
          cout <<" st1 < st2\n ";
    return 0;
}
```

注意对两个字符串比较不能用以下形式:

if(str1 == str2)cout <<" yes ";

这个语句中比较的是两个串的首地址。

4. 测字符串长度函数 strlen

strlen 函数调用的一般形式为:

strlen(字符数组名或字符串)

其作用是测字符串的实际长度(不含字符串结束标志'\0'),并作为函数返回值。如:

char str[10] = "china";

cout << strlen(str);

输出结果不是 10,也不是 6,而是 5,即字符串有效字符个数。也可以直接测试字符串常量的长度,如:

```
cout << strlen("china");
```

输出结果也是 5。

实例 5-12 输入 3 个字符串,找出最大串。

分析:可以定义三个字符数组用来存放三个字符串,先将串 1 和串 2 中的较大串存入最大串中,再用串 3 与最大串比,若串 3 大于最大串则将串 3 存入最大串。注意串比较要用 strcmp 函数,串复制要用 strcpy 函数。

```cpp
#include <iostream.h>
#include <string.h>
int main()
{
    char str1[20], str2[20],str3[20],maxstr[20];
    cout <<"\nplease  input string:\n ";
    cin >> str1 ;  cin >> str2 ;  cin >> str3;
    if(strcmp(str1,str2)> 0)strcpy(maxstr,str1);
    else strcpy(maxstr,str2);
    if(strcmp(str3,maxstr)> 0)
        strcpy(maxstr,str3);
    cout <<" the largest string is :\n "<< maxstr ;
    return 0;
}
```

运行结果如图 5-17 所示。

```
please  input  string:
math
English
physics
the largest string is :
physics
```

图 5-17　实例 5-12 运行结果

本题也可以定义一个三行的二维字符数组用来存放三个字符串,编程如下:

```cpp
#include <iostream.h>
#include <string.h>
int main()
{
    char s[3][20],maxstr[20];
    int i;
    cout <<"\nplease  input string:\n ";
    for(i = 0;i < 3;i++)
        cin >> s[i];
    if(strcmp(s[0],s[1])>0 )
        strcpy(maxstr,s[0]);
```

```
    else
      strcpy(maxstr,s[1]);
    if(strcmp(s[2],maxstr)>0 )
      strcpy(maxstr,s[2]);
    cout <<"\nthe largest string is :\n "<<maxstr;
    return 0;
}
```

上述程序中将二维数组一维化了,s[i]表示数组的第 i 行,for 语句的作用是循环输入数组的每一行。二维数组一维化经常用在处理二维字符数组问题中。

5.5 典型算法

实例 5-13 用冒泡法对 10 个数由小到大排序。

分析:冒泡法的基本思想是将相邻两个数依次比较,将小的调到前面,大的调到后面。如图 5-18 所示,假设有 6 个数。第一趟比较了 5 次,第一次用第一个数与第二个数比较,若满足从小到大则不动,否则交换两个数;第二次用第二个数与第三个数比较,若满足从小到大则不动,否则交换两个数……相邻两数比较依次进行五次,可以看到最大的数 9 已经沉到底部找到最终的位置,下一趟就不需要考虑 9 了。然后进行第二趟比较,对前面其余的 5 个数进行 4 次比较,将 5 个数中最大的数 8 调到倒数第二个位置。第三趟对除9 和 8 的其余 4 个数进行依次比较,如此进行下去,可以推出,第三趟比较 3 次,第四趟比较 2 次,第五趟比较 1 次。如果有n 个数,则要进行 n−1 趟比较,第 j 趟要进行 n−j 次相邻两数的比较。

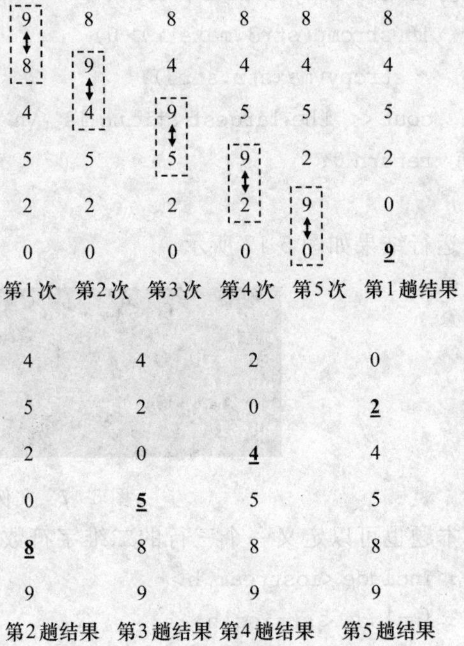

程序代码如下:

图 5-18 冒泡排序过程

```
# include <iostream.h>
# include <iomanip.h>
int main( )
{
    int a[10],i,j,t;
    cout <<" input 10 unmbers:\n ";
```

```
    for(i = 0;i < 10;i++)
        cin >> a[i];
    for(j = 1;j <= 9;j++)
        for(i = 0;i <= 9 - j;i++)
            if(a[i] > a[i + 1])
            {
                t = a[i];  a[i] = a[i + 1];  a[i + 1] = t;
            }
    cout <<" the sorted numbers:\n ";
    for(i = 0;i < 10;i++)
        cout << setw(4) << a[i];
    cout <<"\n ";
    return 0;
}
```

　　本程序中用了三个并列的 for 循环语句,在第二个 for 语句中又嵌套了一个循环语句。第一个 for 语句用于输入 10 个元素的初值,第二个 for 语句用于排序,第三个 for 语句用于输出 10 个元素排序后的结果。

　　在排序时,通过上面分析可知,10 个数的排序需要进行 9 趟,每一趟在若干数中找一个最大值放在这些数的最后,第一趟在 10 个数中确定最大值将其置于最后,第二趟在剩下的前 9 个数中确定最大值将其置于这 9 个数的最后,即全部数据的倒数第二个位置,第三趟在剩下的前 8 个数中确定最大值将其置于这 8 个数的最后,即全部数据的倒数第三个位置,依此类推。控制 9 趟由变量 j 来完成,取值就可以是 1 到 9。在一趟排序过程中存在若干相邻数据比较的操作,这又是一层循环,这一层由变量 i 来控制,那么 j 控制外循环,i 控制内循环。本题的难点在于分析 i 的取值范围,这需要对于每趟循环中两数比较的情况作一列举后才能确定。具体地,j 取 1 时表示第一趟循环,从 a[0] 和 a[1] 比较开始直到 a[8] 和 a[9] 比较结束;j 取 2 时表示第二趟循环,从 a[0] 和 a[1] 比较开始直到 a[7] 和 a[8] 比较结束;j 取 3 时表示第三趟循环,从 a[0] 和 a[1] 比较开始直到 a[6] 和 a[7] 比较结束。通过以上列举,可以发现当执行第 j 趟循环时,从 a[0] 和 a[1] 比较开始直到 a[9-j] 和 a[10-j] 比较结束,如果用 a[i] 和 a[i+1] 表示需要比较的相邻两数,那么 i 的最小值应该是 0,i 的最大值就是 9-j。本例运行结果如图 5-19 所示。

```
input 10 unmbers:
23 5 88 7 9 90 100 44 66 88
the sorted numbers:
   5  7   9  23  44  66  88  88  90 100
```

图 5-19　实例 5-13 运行结果

　　如果需要编写一个可以适用于任意多个数排序的程序,只要将上面程序稍加修改即可。前面介绍过使用符号常量定义数组可以增加程序的通用性,这样做的好处在这儿就体现出来了。程序修改如下:

```
#define N 10
```

```
# include <iostream. h>
# include <iomanip. h>
int main( )
{
    int a[N],i,j,t;
    cout <<" input 10 unmbers:\n ";
    for(i = 0;i < N;i ++)
        cin >> a[i]);
    cout <<"\n ";
    for(j = 1;j <= N-1;j ++)
        for(i = 0;i <= N-1-j;i ++)
            if(a[i] > a[i+1])
            {
                t = a[i];   a[i] = a[i+1];   a[i+1] = t;
            }
    cout <<" the sorted numbers:\n ";
    for(i = 0;i < N;i ++)
        cout << setw(4) << a[i];
    return 0;
}
```

如果需要对 20 个数排序,仅需将程序第一行中的数值 10 改成 20 即可运行,其他地方都不用做改动。注意,原来用于循环变量取值限定的具体数值都要变为 N 或 N 的表达式。

实例 5-14 求一个方阵的对角线元素之和。

分析:题目中没有说明矩阵的行数和列数,方阵是行数与列数相等的矩阵,可以设一个符号常量 N,用它表示矩阵的行数。矩阵有两条对角线,如下 3×3 矩阵:

1 2 3
4 5 6
7 8 9

在这个矩阵中,元素 1、5、9 在主对角线上,元素 3、5、7 在次对角线上。想用循环方式求对角线和就需要找出哪些元素在对角线上,即找出对角线元素有何规律。在上面的矩阵中,主对角线元素可以表示为 a[0][0]、a[1][1]、a[2][2],次对角线元素可以表示为 a[0][2]、a[1][1]、a[2][0],若用 a[i][j] 表示数组元素,从下标可以发现主对角线元素行列下标相等,即 i==j,次对角线元素行列下标的和是 2,即 i+j==行数−1。找到规律就可以使用双层循环通过对角线元素的条件求和。

```
# define N 3
# include <iostream. h>
int main( )
{
    int i,j,a[N][N],sl = 0,sr = 0;
```

```
for(i = 0;i < N;i++)
    for(j = 0;j < N;j++)
    {
        cin >> a[i][j];
        if(i == j)
            sr = sr + a[i][j];
        if(i + j == N - 1)
            sl = sl + a[i][j];
    }
cout <<" sr = "<< sr <<",sl = "<< sl <<"\n ";
return 0;
}
```

运行结果如图 5-20 所示。

```
1 2 3
5 4 6
9 7 8
sr=13 ,sl=16
```

图 5-20　实例 5-14 运行结果

运行时输入矩阵元素可以像上面一样每行元素输入完按一次回车,也可以将元素在一行内输入并以空格间隔。

若需要计算一个 4×4 矩阵对角线和,只需将程序第一行的 N 值变为 4 即可,程序其他部分不用改动。通过此例可以看出在数组编程中合理地利用符号常量可以大大增强程序的通用性。

本程序用双层循环边输入元素值边判定是否为对角线元素,是则累加到相应求和变量中,其实在求和时也可以使用单循环,程序修改如下:

```
#define N 3
#include <iostream.h>
int main( )
{
    int i,j,a[N][N],sl = 0,sr = 0;
    for(i = 0;i < N;i++)
        for(j = 0;j < N;j++)
            cin >> a[i][j];
    for(i = 0;i < N;i++)
    { sr = sr + a[i][i]; sl = sl + a[i][N - 1 - i]; }
    cout <<" sr = "<< sr <<",sl = "<< sl;
    return 0;
}
```

既然已经知道主对角线元素行列下标相等、次对角线元素行列下标和是 N−1,若用 i

表示元素行下标,那么主对角线元素可以表示为 a[i][i],次对角线元素可以表示为 a[i][N-1-i],所以单循环用行下标就可以控制求和过程,并且求和时也不用进行是否对角线元素的判定。

实例 5-15 将两个字符串连接,不用 strcat 函数。

分析:strcat 函数是将串 1 的结束标志去掉,从结束标志的位置开始把串 2 的字符逐个复制过去。

```
#include<stdio.h>
#include<string.h>
int main()
{
    char s1[20],s2[10];
    int i,j;
    gets(s1);   gets(s2);
    i=strlen(s1);
    for(j=0;s2[j]!='\0';i++, j++)
        s1[i]=s2[j];
    s1[i]='\0';
    puts(s1);
    return 0;
}
```

运行结果如图 5-21 所示。

```
I am
happy
I amhappy
```

图 5-21　实例 5-15 运行结果

"i=strlen(s1);"将 s1 中结束标志的下标赋值给 i,从这个位置开始复制 s2 的有效字符,j 表示 s2 中元素的下标,循环复制有效字符由 s2[j]控制,而不是像数值型数组一样由 j<10 控制,注意循环条件"s2[j]!='\0'"表示当 s2 中字符为有效字符时继续,这基本上是处理字符数组时控制循环的一个模式。当复制完有效字符后还应将'\0'复制过去。

实例 5-16 有一篇文章,共 3 行,每行不超出 40 个字符,分别统计出每行中英文字母、数字字符和其他字符的个数。

分析:本题应用二维字符数组存放文章,对文章每行循环扫描,将每一类字符个数统计到相应计数器中。

```
#include<stdio.h>
#include<string.h>
#include<iostream.h>
int main()
{
```

```
char s[3][40];
int a,b,c,i,j;
for(i = 0;i < 3 ; i++)
    gets(s[i]);
for(i = 0;i < 3 ; i++)
{
    a = b = c = 0;
    for(j = 0;s[i][j] ! = '\0' ; j++)
        if(s[i][j] > = 'a' && s[i][j] < = 'z' || s[i][j] > = 'A' && s[i][j] < = 'Z')
            a++;
        else if(s[i][j] > = '0' && s[i][j] < = '9')  b++;
            else  c++;
    cout <<" row "<<i + 1 <<":letter   "<< a <<", digit   "<< b
        <<" , other   "<< c;
}
return 0;
}
```

注意用来存放每行三种字符个数的三个计数器 a、b、c，它们赋初值的操作应在外循环起始处进行，不能将清 0 置于外循环之上。运行结果如图 5-22 所示。

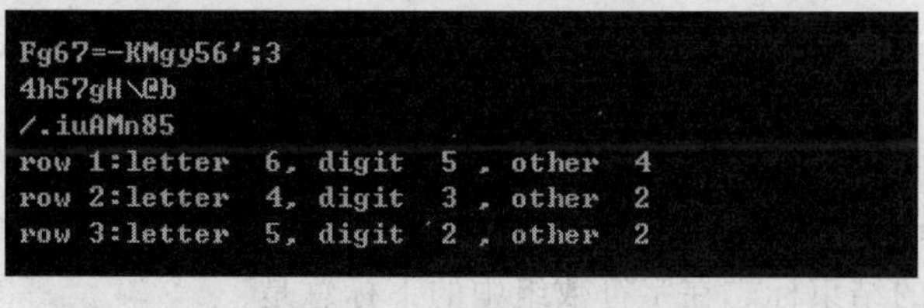

图 5-22　实例 5-16 运行结果

思考和练习题

一、选择题

1. 有数组定义 int c[2][4]＝{{1,2},{3,4}}，c[1][1]的值是(　　　)。

A. 4　　　　　　　　B. 3　　　　　　　　C. 2　　　　　　　　D. 1

2. 当接受用户输入的含空格在内的字符串时，应使用哪一个函数？(　　　)。

A. strcmp　　　　　B. sqrt　　　　　　　C. gets　　　　　　　D. puts

3. 设有数组定义：char array[]＝"China"；则数组 array 所占的空间为(　　　)。

A. 4 个字节　　　　B. 5 个字节　　　　　C. 6 个字节　　　　　D. 7 个字节

4. 在 C 语言中，引用数组元素时，其数组下标的数据类型允许是(　　　)。

A. 整型常量　　　　　　　　　　　　　B. 整型表达式

C. 整型常量或整型表达式　　　　　　　D. 任何类型的表达式

5. 若有说明 int a[3][4];则 a 数组元素的非法引用是(　　)。

A. a[0][2*1]　　　　B. a[1][3]　　　　C. a[4-2][0]　　　　D. a[0][4]

6. 下面程序段的输出结果是(　　)。

int a[10]={1,2,3,4,5,6,7,8,9,10};

cout << a[3];

A. 3　　　　　　　　B. 4　　　　　　　　C. 1　　　　　　　　D. 2

7. 下面数组定义不正确的是(　　)。

A. int　a[ ] ;　　　　　　　　　　　　B. char c[ ]="happy";

C. int　a[ ]={1,2,3};　　　　　　　　D. int　a[6]={1,2,3};

8. 有数组定义 int a[3][3]={{1,3},{ },{2,6,8}};则 a[1][1]和 a[2][2]的值分别是(　　)。

A. 1　0　　　　　　B. 3　0　　　　　　C. 0　8　　　　　　D. 0　6

9. 下面数组定义不正确的是(　　)。

A. int　a[10] ;　　　　　　　　　　　B. int　a[2][3];

C. int　a[2,3] ;　　　　　　　　　　　D. int　a[2*5];

10. 有数组定义 char s1[10]="abcd",s2[10]="aBcd";则 strcmp(s1,s2)的值为(　　)。

A. >0　　　　　　　B. <0　　　　　　　C. 0　　　　　　　　D. 空

二、填空题

1. 有数组定义 char str[10]="china";则 strlen(str)的值是_____。

2. 数组元素的下标总是从_____开始。

3. stract 函数的作用是_____。

4. 调用函数 strlen 时,要在程序起始处加_____命令。

5. 任意字符串的结束标志在字符数组中的下标总是_____。

三、判断题

1. 数组名代表数组的起始地址。　　　　　　　　　　　　　　　　　　(　　)

2. 对一维数组 a 可以定义为 int n=10,a[n];。　　　　　　　　　　　　(　　)

3. 若有定义:int a[8];则 a[8]不是数组的合法元素。　　　　　　　　　(　　)

4. puts 函数一次能输出多个字符串。　　　　　　　　　　　　　　　　(　　)

5. 对一维数组 a,定义为 int　a[2*4];是错的。　　　　　　　　　　　　(　　)

6. c 是一个字符数组,给 c 输入一串字符可以用 gets(c);来实现。　　　(　　)

7. 有数组定义 char a[10]="cat",b[10];欲将 a 数组内容复制到 b 中可用 b=a;实现。　　　　　　　　　　　　　　　　　　　　　　　　　　　　　(　　)

8. 比较字符数组 a 和 b 是否相等可用 a==b。　　　　　　　　　　　　(　　)

四、写出程序运行结果

1. #include <iostream.h>

int main( )

{

```
int m[3][3] = {1,4,7,2,5,8,3,6,9} , i , k = 2;
for(i = 0; i < 3; i++)
cout << m[k][i]<<"   ";
return 0;
}
```
结果：_____

2. ```
include <iostream.h>
int main( )
{
   char   a[ ] = "B9H6bY ", m;
   int j;
   m = a[0];
   for(j = 1;a[j]! = '\0';j++)
     if(a[j]> m)   m = a[j];
   cout << m;
   return 0;
}
```
结果：_____

3. ```
# include <iostream.h>
int main( )
{
   int a[5],i,s = 0,f = 1;
   for(i = 0;i < 5;i++)
   {
     a[i] = (i + 1) * 2 * f;
     f = - f;
     cout << a[i]<<"   ";
   }
   return 0;
}
```
结果：_____

五、程序填空

1. 将字符串 a 复制到字符串 b 中。
```
# include <stdio.h>
int main( )
{
  char a[ ] = "I am a boy.", b[20];   int i;
  for(i = 0; i _____ ; i++)
      _____ ;
  puts(b);
  return 0;
}
```

2. 用循环的方式实现字符串长度的统计。

```cpp
# include <iostream.h>
int main( )
{
int i,s = 0;   char c[ ] = "china";
  for(i = 0;_____ ;i++)
_____ ;
  cout << s;
  return 0;
}
```

3. 计算数列 1,1,2,3,5,8,…,前 10 个数的平均值。

```cpp
# include <iostream.h>
int main( )
{
  int f[10] = {1,1},i,s = 2;
  for(i = _____;i < 10;i++)
  {
    f[i] = _____ ;
    _____ ;
  }
  cout << s/10.0;
  return 0;
}
```

4. 有一个数列 1,3,5,7,9,…,输出此数列的前 20 项。

```cpp
# include <iostream.h>
int main( )
{
  int a[20],i;
  for(_____ )
  {
    a[i] = _____
    cout << a[i]<<"  ";
  }
  return 0;
}
```

六、程序设计题

1. 统计一个包含 10 个整数的数组正负数的个数。

2. 将一个字符串中的小写字母复制到另外一个字符串。

3. 将字符串中的所有大写字母改为相应的小写字母。

4. 输出以下杨辉三角形的前10行。

```
1
1  1
1  2  1
1  3  3  1
1  4  6  4  1
1  5  10  10  5  1
   ...
```

5. 有一个排好序的数组，将输入的一个数插入数组中使得数组仍然有序。

6. 将一个字符串循环右移一位，例如：abcde 循环右移后变为 eabcd。

7. 有 10 组数，每组有 2 个数，求每组数的最大公约数与最小公倍数。

第6章
函 数

随着程序规模的扩大,程序员需要把复杂的程序按照功能划分成若干模块,每个模块完成单一的任务。通过这样的方式,可以提高程序的可读性和可维护性,使多人协作开发变得更容易。这里的模块就是函数。函数是C语言构造程序的重要的基本单位。从某种意义上来说,编写C程序就是编写各种函数。一个C程序可由一个主函数和若干个其他函数构成。由主函数调用其他函数,其他函数也可以互相调用。同一个函数可以被一个或多个函数调用任意多次。

在程序开发中,常将一些常用的功能模块编写成函数,放在公共函数库中供大家选用,这样可以减少重复编写程序段的工作量。

通过本章的学习,学生应该掌握函数的定义、调用和函数的返回值。理解变量的作用域特性和存储特性以及编译预处理的基本知识。

本章要点

➢掌握函数定义和函数声明的形式。

➢掌握函数调用的方法和参数传递的不同形式。

➢掌握局部变量、静态局部变量、全局变量的定义,熟悉它们的有效性。

➢掌握带参的宏与不带参的宏的定义方式以及调用方式,理解宏和函数的区别。

➢掌握文件包含的使用方法并能够在调用库函数时正确包含相应的头文件。

6.1 设计一个简单的用户自定义程序

6.1.1 实例解析

实例 6-1 定义函数求平均分。

方法一:通过无参函数实现。

分析:按照前面设计程序的思路,现在把求平均分的功能通过定义另外一个函数来实现,再在主函数中调用这个函数,从而求得平均分。例如求N(假设定义N=10)个成绩的平均分。定义一个函数 average 用来求平均分,在主函数中调用它,最后返回一个值(平均分值)并输出。

```cpp
#include <iostream.h>
#define N 10
float average( )
{
    float x,av,s = 0;
    int i;
    for(i = 1;i <= N;i++)
    { cin >> x;s = s + x; }
    av = s/N;
    return av;
}
int main( )
{
    float ave;
    ave = average( );
    cout << ave << endl;
    return 0;
}
```

先执行主函数,执行到语句 ave=average( );时调用函数 average,此时程序流程转到 average 函数,循环输入成绩,并累加。然后求平均分,通过返回语句把求得的值带回到主函数中继续执行后继语句。

本实例是一个不带参数的函数例子。运行结果如图 6-1 所示。

```
89 97 65 76 88 64 96 91 82 86
83.4
```

图 6-1 实例 6-1 运行结果(方法一)

方法二:通过有参函数实现。

分析:定义函数 average 实现求平均分。在主函数中输入成绩保存到数组,以成绩数组名作为实参调用 average 函数,最后返回一个值(平均分值)并输出。

```cpp
#include <iostream.h>
#define N 10
int main( )
{
    float average(float array[10]);        /* 函数声明 */
    float s[10],aver;
    int i;
    cout << "input 10 nums: ";
```

```
    for(i = 0;i < N;i++)
    cin >> s[i];
    aver = average(s);
    cout <<" average number is:"<< aver << endl;
    return 0;
}
float average(float a[10])
{
    int i;
    float s = a[0],ave;
    for(i = 1;i < N;i++)
        s = s + a[i];
    ave = s/10;
    return ave;
}
```

本实例是一个数组名作为函数参数的函数例子。运行结果如图 6-2 所示。

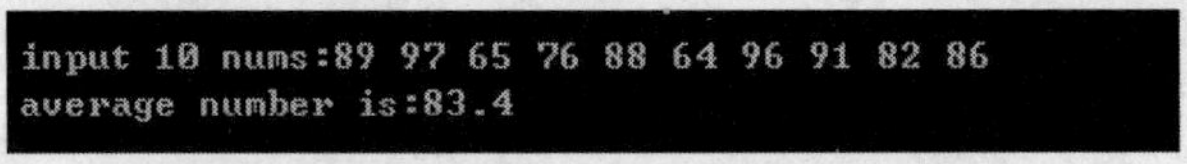

```
input 10 nums:89 97 65 76 88 64 96 91 82 86
average number is:83.4
```

图 6-2　实例 6-1 运行结果(方法二)

6.1.2　函数概述

在第 1 章中已经介绍过,C 源程序是由函数组成的。前面各章的程序都只有一个主函数 main,但实用程序往往由多个函数组成,通过对函数的调用来实现特定的功能。C 程序的全部工作都是由各式各样的函数完成的。C 语言采用函数模块式的结构,易于实现结构化程序设计,便于程序的编写、阅读、调试。C 语言不仅提供了极为丰富的库函数,还允许用户建立自己定义的函数。下面举一个简单的例子来说明。

实例 6-2　函数调用的简单例子。

```
# include <iostream.h>
int main( )
{
    void printstar();      /* 对 printstar 函数进行声明 */
    void printmess();      /* 对 printmess 函数进行声明 */
    printstar( );          /* 调用 printstar 函数 */
    printmess( );          /* 调用 printmess 函数 */
    printstar( );          /* 调用 printstar 函数 */
    return 0;
}
```

```
void printstar( )          /* 定义 printstar 函数 */
{cout <<"*********************"<< endl;}
void printmess( )          /* 定义 printmess 函数 */
{cout <<" how do you do ！"<< endl;}
```

运行结果如图 6-3 所示。

```
*********************
how do you do !
*********************
```

图 6-3　实例 6-2 运行结果

本程序中的 printstar 和 printmess 都是用户定义的函数,分别用来输出一行"*"和一行信息。通过 main 函数调用 printstar 函数和 printmess 函数来实现信息的显示。

通过以上的讲解,可以对函数的知识总结如下。

(1)一个源程序文件由一个或多个函数组成。一个源程序文件是一个编译单位,即以源程序为单位进行编译,而不是以函数为单位进行编译。

(2)所有函数都是平行的,即在定义函数时是互相独立的,一个函数并不从属于另一个函数,即函数不能嵌套定义。函数间可以互相调用,但不能调用 main 函数。

(3)C 源程序的执行从 main 函数开始,调用其他函数后流程回到 main 函数,在 main 函数中结束整个程序的运行。一个 C 源程序必须有且只有一个 main 函数。

6.1.3　函数的分类

(1)从用户使用的角度看,函数有两种:标准函数(库函数)和用户自定义函数。

标准函数(库函数)由 C 系统提供,用户无须定义,也不必在程序中作类型说明,只需在程序前包含该函数原型所在头文件即可在程序中直接调用。例如:printf、scanf、getchar、putchar、gets、puts、strcat 等函数均属此类。

用户自定义函数是由用户按需要编写的函数。它要求在程序中定义函数本身,然后才能调用。

(2)从函数调用时数据传送的角度看可分为:无参函数和有参函数两种。

无参函数中不进行参数传送,通常用来完成一组指定的功能,可以返回或不返回函数值。

有参函数在函数定义时有参数,称为形式参数(简称为形参)。在函数调用时也必须给出参数,称为实际参数(简称为实参)。进行函数调用时,主调函数将把实参的值传送给被调函数中的形参。

(3)C 语言的函数兼有其他语言中的函数和过程两种功能,从这个角度看,又可把函数分为有返回值函数和无返回值函数两种。

有返回值函数执行完后将向调用者返回一个执行结果,称为函数返回值。

无返回值函数用于完成某项特定的处理任务,执行完成后不向调用者返回函数值。用户在定义此类函数时可指定它的返回类型为"空类型",其说明符为"void"。

6.2 预处理命令

在前面各章中,多次使用过以"#"号开头的预处理命令,如包含命令#include、宏定义命令#define等。预处理命令都以"#"号开头,每个预处理命令单独占一行,且末尾不带分号。在源程序中,这些预处理命令都放在函数之外,而且一般放在源程序的首部。

所谓预处理是指在编译(词法扫描和语法分析)之前所做的工作,系统将自动引用预处理程序对源程序中的预处理部分作处理。处理完毕后的程序不再包括预处理命令,最后再由编译系统对预处理后的源程序进行通常的编译处理,得到可执行的目标代码。

C语言提供了多种预处理功能,主要有宏定义、文件包含、条件编译等。合理地使用预处理命令,便于程序的阅读、修改、移植和调试,也有利于程序的模块化设计。必须正确地区分预处理命令和C语句,区分预处理和编译,才能正确使用预处理命令。本节介绍常用的几种预处理命令。

6.2.1 宏定义

宏定义是指在源程序中用一个标识符来表示一个字符串,被定义的标识符称为宏名。在编译预处理时,对程序中所有出现的宏名都用宏定义中的字符串去代换,这称为"宏展开"。在C语言中,"宏"分为有参数和无参数两种。

1. 无参的宏定义

其一般形式为:

#define   标识符   字符串

其作用是用指定的标识符来代表一个字符串,"标识符"为所定义的宏名,宏名后不带参数,习惯上用大写字母表示,以便于与变量区别。"字符串"可以是常数、表达式、字符序列等。

这种方法使用户能以一个简单的名字代替一个长的字符串。在前面章节介绍过的符号常量的定义就是一种不带参数的宏定义,如:#define PI 3.1415926。在编译预处理时,将程序中在该命令以后出现的所有PI都用"3.1415926"代替。

此外,对程序中反复使用的表达式也可以进行宏定义。

例如:# define M (y * y + 3 * y)。

实例6-3 不带参数的宏定义。

```
# include <iostream.h>
# define M (y * y + 3 * y)
int main( )
{
    int s,y;
    cout <<" input a number:";
    cin>> y;
    s = 3 * M + 4 * M + 5 * M;
```

```
cout <<" s = "<< s << endl;
    return 0;
}
```

运行结果如图 6-4 所示。

```
input a number:6
s=648
```

图 6-4　实例 6-3 运行结果

对源程序作编译时,将先由预处理程序进行宏代换,即用(y * y＋3 * y)表达式去置换所有的宏名 M,宏展开后该语句变为:s＝3 *(y * y＋3 * y)＋4(y * y＋3 * y)＋5(y * y＋3 * y);然后再进行编译。但要注意,在宏定义中表达式(y * y＋3 * y)两边的括号不能少。否则会发生错误。

对于宏定义还要说明以下几点。

(1) 宏定义是用宏名来表示一个字符串,在宏展开时以该字符串取代宏名,这只是一种简单的置换,不作任何检查。如例 6-3 中把宏定义改为:♯difine M y * y＋3 * y。在宏展开时将得到下述语句:s＝3 * y * y＋3 * y＋4 * y * y＋3 * y＋5 * y * y＋3 * y;与加上括号后的结果截然不同。因此在作宏定义时必须十分注意。应保证在宏置换之后不发生错误。

(2) 宏定义不是说明或语句,在行末不必加分号,如加上分号则连分号也一起置换。

(3) 宏定义必须写在函数之外,其作用域为宏定义命令起到源程序结束。如要终止其作用域可使用"♯ undef 宏名"的命令,如:

```
# include <iostream>
#define PI 3.14159
main(   )
{ ...
}
#undef PI              /* 终止 PI 的作用域 */
f1( )
{ ...
}
```

表示 PI 只在 main 函数中有效,在 f1 中无效。

(4) 对程序中用双引号括起来的字符串中的内容,即使与宏名相同,也不进行宏置换。

实例 6-4　双引号内与宏名相同的内容不替换。

```
# include <iostream.h>
#define K 100
int main( )
{
    cout <<" K = "<< K <<"\n ";
    return 0;
}
```

运行结果如图 6-5 所示。

```
K=100
```

图 6-5　实例 6-4 运行结果

上例中定义宏名 K 表示 100，cout 中第一个 K 被引号括起来，因此不作宏代换。第二个 K 没有被引号括起来，因此要进行宏置换。

（5）宏定义允许嵌套，在进行宏定义时，可以引用已经定义的宏名。在宏展开时由预处理程序层层置换。

实例 6-5　在宏定义中引用已定义的宏名。

```
#include <iostream.h>
#define R 4.0
#define PI 3.14
#define L 2 * PI * R
#define S PI * R * R
int main()
{
    cout <<" L = "<< L <<","<<" S = "<< S <<"\n ";
    return 0;
}
```

运行结果如图 6-6 所示。

```
L=25.12,S=50.24
```

图 6-6　实例 6-5 运行结果

在程序中的 cout <<" L = "<<L <<","<<" S = "<<S;进行宏置换后变为：

cout <<" L = "<< 2 * 3.14 * 4.0 <<","<<" S = "<< 3.14 * 4.0 * 4.0；

2. 带参数的宏定义

其定义的一般形式为：

#define 宏名（形式参数表）字符串

字符串中包含括号中的参数，在定义时参数称为形式参数，当有一个以上形参时，形参之间用逗号分隔。带参的宏在进行宏展开时不仅要进行简单的字符串替换，还要进行参数替换。

在源程序中出现已经定义的带参的宏叫作宏调用，宏调用中的参数称为实际参数，其一般形式为：

宏名（实际参数表）；

例如：

#define S(a,b) a * b

    ...

    area = S(3,2);

对带参数的宏,在调用中,不仅要宏展开,而且要用实参去代换形参。带参的宏定义是这样展开置换的:在程序中如果有带实参的宏(如 S(3,2)),则按♯define 命令行中指定的字符串从左到右进行置换。如果串中包含宏中的形参(如 a、b),则将程序中相应的实参(可以是常量、变量或表达式)代替形参,宏定义中的字符串中的字符不是参数字符(如 a * b 中的 * 号),则保留。这样就形成了置换以后的字符串。上例中定义矩形面积 S,a 和 b 是边长。在程序中用了 S(3,2),把 3、2 分别代替宏定义中的形式参数 a、b,即用 3 * 2 代替 S(3,2)。因此赋值语句展开为 area=3 * 2;。

实例 6-6 求圆的面积。

```
♯ include <iostream.h>
♯ define PI 3.1415926
♯ define S(r) PI * r * r
int main( )
{
  float a,area;
  a = 3.6;
  area = S(a);
  cout <<″ r = ″<< a << endl <<″ area = ″<< area <<″\n ″;
  return 0;
}
```

运行结果如图 6-7 所示。

```
r=3.6
area=40.715
```

图 6-7　实例 6-6 运行结果

其中赋值语句 area=S(a);经宏展开后为:area=3.1415926 * a * a;

通过上例,可对带参的宏定义进行以下几点说明。

(1)带参宏定义中,宏名和形参表之间不能有空格出现。上例中的 ♯ define S(r) PI * r * r 改写为:♯ define S (r) PI * r * r 将被认为是无参宏定义,宏名 S 代表字符串(r) PI * r * r。宏展开时,宏调用语句:area=S(a);将变为:area=(r) 3.1415926 * r * r;这显然是错误的。

(2)宏定义中的形参是标识符,而宏调用中的实参可以是表达式,有些参数必须用括号括起来,以避免出错。上例中宏定义的形参为 r。程序中的 area=S(a)也可以改写为 area=S(a+1)。在宏展开时,用 a+1 代换 r,得到语句:area=3.1415926 * a+1 * a+1;这显然不是半径为 a+1 的圆的面积。如宏定义改为 ♯ define S(r) PI *(r) *(r)。

(3)宏定义可用来表示多个语句,在宏调用时,用这些语句替换宏名。

实例 6-7 通过宏定义多个语句。

```
♯ include <iostream.h>
♯ define SV(s1,s2,s3,v) s1 = l * w;s2 = l * h;s3 = w * h;v = w * l * h;
int main( )
```

```
{
    int l = 3,w = 4,h = 5,sa,sb,sc,vv ;
    SV(sa,sb,sc,vv) ;
    cout <<" sa = "<< sa <<","<<" sb = "<< sb <<","<<" sc = "<< sc <<","
    <<" vv = "<<vv << endl;
    return 0;
}
```

运行结果为如图 6-8 所示。

```
sa=12,sb=15,sc=20,vv=60
```

图 6-8   实例 6-7 运行结果

程序第一行为宏定义,用宏名 SV 表示 4 个赋值语句,4 个形参分别为 4 个赋值符左部的变量。在宏调用时,把 4 个语句展开并用实参代替形参,使计算结果送入实参之中。

前面介绍的函数也有形参和实参,且带参的宏和带参的函数很相似,在调用函数时也是在函数名后的括号内写实参,也要求实参和形参的数目相等,有时对于同一个问题既可以用宏定义实现,又可以用函数定义实现,但是它们有着本质的区别。

实例 6-8   用宏定义的方法实现求两个数的最大值。

```
#include <iostream.h>
#define MAX(a,b) (a>b)? a:b
int main( )
{
    int x,y,max;
    cout <<" input two numbers:";
    cin >> x >> y;
    max = MAX(x,y);
    cout <<" maxnum = "<< max << endl;
    return 0;
}
```

运行结果如图 6-9 所示。

```
input two numbers:81 69
maxnum= 81
```

图 6-9   实例 6-8 运行结果

6.2.2   文件包含

文件包含是 C 预处理程序的另一个重要功能,在前面已多次用此命令包含过库函数的头文件。例如:#include " stdio. h " 和 #include " math. h "。所谓"文件包含"是指一个源文件可以将另外一个源文件的全部内容包含进来,即将另外的文件包含到本文件之中。

其一般形式为:

＃include "文件名" 或 ＃include <文件名>

其作用是把指定的文件插入该命令行位置取代命令行,从而把指定的文件和当前的源程序文件连成一个源文件,然后作为一个源文件进行编译。

在程序设计中,文件包含是很有用的。一个大的程序可以分为多个模块,由多个程序员分别编程。有些公用的符号常量或宏定义等可单独组成一个文件,在其他文件的开头用包含命令包含该文件即可使用。

在文件头部的被包含的文件称为“标题文件”或“头部文件”,常以“h”为后缀(head 的缩写),如“format.h”文件。实际上用“c”为后缀也可以,但用“h”作后缀更能表示此文件的性质。

注意:在编译时并不是作为两个文件进行连接,而是作为一个源程序编译,得到一个目标(.obj)文件。因此被包含的文件也应该是源文件而不应该是目标文件。

对于文件包含还要说明以下几点。

(1) 一个 include 命令只能指定一个被包含文件,若有多个文件要包含,则需用多个 include 命令。且每一行只能写一个命令。

(2) 在一个被包含文件中又可以包含另一个被包含文件,即文件包含是可以嵌套的。

(3) 在包含命令中的文件名可以用双引号括起来,也可以用尖括号括起来。如可以在 file1.c 中用 ＃include <file2.h>或 ＃include "file2.h"。这两种形式是有区别的,使用尖括号时系统到包含库函数的头文件所在目录中寻找被包含文件,这称为标准方式。使用双引号系统首先在用户当前目录中查找,如未找到,再按标准方式查找。用户编程时可根据自己文件所在的目录来选择某一种命令形式。一般说,如果调用库函数用 ＃include 命令来包含相关的头文件,则用尖括号,以节省查找时间。如果要包含的是用户自己编写的文件(这种文件一般都在当前目录中),一般用双引号。

6.2.3 条件编译

一般情况下,源程序中所有的行都参加编译。但是有时希望对其中一部分内容在满足一定条件时才进行编译,这就是“条件编译”,可以按不同的条件去编译不同的部分,使生成的目标程序较短,从而减少了内存的开销并提高了程序的执行效率。条件编译有三种形式。

1. 形式一

```
＃ifdef 标识符            或            ＃ifdef 标识符
    程序段 1                              程序段
＃else                                 ＃endif
    程序段 2
＃endif
```

其作用是若标识符已被 ＃define 命令定义过,则对程序段 1 进行编译,否则对程序段 2 进行编译。其中 ＃else 部分可以没有。其中的程序段可以是语句组,也可以是命令行。

这种形式的条件编译对于提高 C 源程序的通用性是很有好处的。如 int 型数据在不同机器上所占内存空间是不一样的(有的是 16 位(2 个字节),而有的则是 32 位),如果在不同系统上运行,就要求对源程序作必要的修改,这就降低了程序的通用性。我们可以用以下的条件编译来解决这个问题,使得源程序可以不必作任何修改就可以用于不同类型的计算机系统。

```
#ifdef COMPUTER_A
#define INTEGER_SIZE 16
#else
#define INTEGER_SIZE 32
#endif
```

如果在这组条件编译命令之前曾出现以下命令行：

```
#define COMPUTER_A 0  或  #define COMPUTER_A
```

则编译下面的命令行：

```
#define INTEGER_SIZE 16
```

预编译后程序中的 INTEGER_SIZE 都用 16 代替。否则，编译命令行：#define INTE-GET_SIZE 32,预编译后程序中的 INTEGER_SIZE 都用 32 代替。

2. 形式二

```
#ifndef 标识符
    程序段1
#else
    程序段2
#endif
```

与第一种形式的区别是将"ifdef"改为"ifndef"。其作用是若标识符未被 #define 命令定义过则对程序段 1 进行编译,否则对程序段 2 进行编译。这与第一种形式的作用相反。

3. 形式三

```
#if   表达式
    程序段1
#else
    程序段2
#endif
```

其作用是当指定的表达式值为真(非零)时就编译程序段 1,否则编译程序段 2。可以事先给定条件,使程序在不同的条件下执行不同的功能。

实例 6-9 使用条件编译,计算圆的面积或正方形的面积。

```
#include <iostream.h>
#define R 1
int main( )
{
    float c,r,s;
    cout <<"input a number: ";
    cin >> c;
    #if R
    r = c; s = 3.14159 * r * r;
```

```
       cout <<" area of round is: "<< s;
    #else
       s = c * c;
       cout <<" area of square is:"<< s;
    #endif
    return 0;
}
```

运行结果如图 6-10 所示。

```
input a number: 2
area of round is: 12.5664
```

图 6-10　实例 6-9 运行结果

本程序采用了第三种形式的条件编译。在程序第一行宏定义中,定义 R 为 1,因此在条件编译时,常量表达式的值为真,故计算并输出圆面积。上面介绍的条件编译也可以用条件语句来实现。但是用条件语句将会对整个源程序进行编译,生成的目标代码程序很长,而采用条件编译,则根据条件只编译其中的程序段 1 或程序段 2,生成的目标程序较短。如果条件选择的程序段很长,采用条件编译的方法是十分必要的。

6.3　用户自定义函数

函数是构成 C 程序的基本模块。C 程序是由一个个函数所组成的,即使是最简单的程序也要有一个 main 函数。C 语言不仅提供了极为丰富的库函数,还允许用户建立自己定义的函数。用户可把自己的算法编成一个个相对独立的函数,然后调用这些函数。

6.3.1　函数定义

1. 函数定义的一般形式

类型标识符 函数名(形式参数表列)
　{声明部分
　　语句
　}

例如:

```
int max(int a, int b)
{
    if(a > b) return a;
    else return b;
}
```

类型说明符指明函数的类型,即函数返回值的类型。函数名是用户定义的标识符,函数名后有一个括号,根据参数的有无可分为无参函数和有参函数,若是无参数,则为空括号,若是有参函数要给出参数名称和参数类型。类型说明符和函数名称为函数头。{}中的内容称为函数体,包括类型说明部分和执行部分,函数体的类型说明是对函数体内所用到的变量的类型说明。

2. 函数的形参表列

在定义有参函数时函数名后面的括号里是函数的形参表列。形参表列可以包括多个形参,用来向函数传递值或者带回结果。各形参项之间用逗号间隔,每一项都由数据类型和形参变量名组成,该变量名称为函数的形式参数,简称形参。

函数形式参数的声明方法有两种,一种是在括号内指定参数和参数类型,如上面 max 函数的定义,这种方法称为现代的方式。还有一种是在括号外指定参数类型,如上面的 max 函数的定义可改写为:

```
int max(a,b)
int a,b;
{
    if(a>b) return a;
    else return b;
}
```

这种方式被称为传统的方式。这两种方式是完全等价的。

3. 函数的返回值与返回类型

函数的返回值是指函数被调用之后,返回给主调函数的值。如调用 max 函数,返回两个整数的最大值。

函数返回值只能通过 return 语句返回主调函数。return 语句的一般形式为:

return 表达式;或者为return(表达式);

该语句的功能是计算表达式的值,并返回给主调函数。

对函数的返回值(或称函数值)有以下一些说明。

(1) 在函数中允许有多个 return 语句,但只有第一个执行的 return 语句起作用,因此只能返回一个函数值。

(2) 函数返回值的类型和函数定义中函数的类型应保持一致。如果两者不一致,则以函数类型为准,自动进行类型转换。

(3) 如函数值为整型,在函数定义时可以省去类型说明。

(4) 不返回函数值的函数,不用 return 语句时可以明确定义为"空类型",类型说明符为"void"。一旦函数被定义为空类型后,就不能在主调函数中使用被调函数的函数值了。为了使程序有良好的可读性并减少出错,凡不要求返回值的函数都应定义为空类型。

6.3.2 函数调用

1. 函数调用的一般形式

有了函数的定义,就可以对函数进行调用。函数调用的一般形式为:

函数名(实参表列);

在程序中是通过对函数的调用来执行函数体的。对无参函数调用时则无实参表列,但括号不能省略。如果实参表列包含多个实参,则各参数间用逗号隔开。

在函数调用中确定实参表列中各参数的值是按从右至左顺序确定的。

2. 函数的参数

在调用函数时,大多数情况下,主调函数和被调用函数之间有数据传递关系。在定义函数时函数名后括号中的参数为"形式参数",在主调函数中调用一个函数时,函数名后面括号中的参数称为"实际参数"。

实例 6-10　使用函数求两个整数的最大值。

```
# include <iostream.h>
int max(int x,int y)
{
    if(x> y) return x;
    else return y;
}
int main( )
{
    int a,b,c;
    cin>> a>> b;
    c = max(a,b);
    cout <<" max is:"<< c <<"\n ";
    return 0;
}
```

运行结果如图 6-11 所示。

```
6 9
max is:9
```

图 6-11　实例 6-10 运行结果

现在我们可以从函数定义、函数说明及函数调用的角度来分析整个程序,从中进一步了解函数的各种特点。上例中第 2 行至第 6 行为 max 函数定义。第 2 行说明 max 函数是一个整型函数,形参为 x、y 且均为整型量。x、y 的具体值是由主调函数在函数调用时传送过来的。max 函数体中的 return 语句把 x(或 y)的值作为函数的值返回给主调函数。有返回值的函数至少应有一个 return 语句。max 函数除形参外没有使用其他变量,因此只有语句而没有变量类型说明。

在 main 函数中调用 max 函数,并把 a、b 中的值传送给 max 的形参 x、y,max 函数执行的结果将返回给变量 c。最后由主函数输出 c 的值。

下面关于形参与实参进行说明:

(1) 函数中指定的形参,在未出现函数调用时,它们并不占内存中的存储单元。形参变量只有在被调用时才分配内存单元,在调用结束时,即刻释放所分配的内存单元,形参只在函数内部有效。函数调用结束返回主调函数后则不能再使用该形参变量。

(2) 在被定义的函数中,必须指定形参的类型。

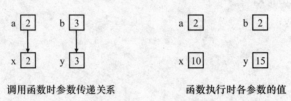

（3）实参可以是常量、变量、表达式、函数等，无论实参是何种类型的量，在进行函数调用时，它们都必须具有确定的值，在调用时将实参的值赋给形参（如果形参是数组名，则传递的是数组首地址而不是数组的值）。

（4）实参与形参的类型应相同或赋值兼容。实参和形参在数量上、类型上、顺序上应严格一致，否则会发生"类型不匹配"的错误。

（5）C 语言规定，实参变量对形参变量的数据传递是"值传递"，即函数调用时为形参单独分配一片内存空间，把实参的值传递给形参，调用结束后，形参单元被释放，实参单元仍保留并维持原值不会被修改，因此，在执行被调用函数期间，形参的值如果发生改变，并不会改变主调函数中实参的值，值传递是单向传递。以例 6-10 为例介绍形实参的传递关系，图 6-12 在调用函数时把实参 a、b 的值 2 和 3 分别传给形参 x 和 y，若在执行函数过程中 x、y 的值变为 10 和 15，而 a、b 仍为 2 和 3。

调用函数时参数传递关系　　　　　函数执行时各参数的值

图 6-12　形、实参传递关系

3. 函数声明

主调函数中调用某函数之前应对被调函数进行声明。在主调函数中对被调函数进行声明的目的是为使编译系统记住被调函数的信息，包括返回值的类型以及参数的类型和个数，以便在主调函数中按声明的信息对函数的合法性进行检查。

在一个函数中调用另一个函数（即被调用函数）需要具备哪些条件呢？

（1）被调用的函数必须是已经存在的函数（是库函数或用户定义的函数）。

（2）如果使用库函数，一般还应该在本文件开头用＃include 命令将调用有关库函数时所需用到的信息"包含"到本文件中来。

（3）如果使用用户定义的函数，而且该函数与调用它的函数（即主调函数）在同一个文件中，一般还应该在主调函数中对被调用函数作声明，即向编译系统声明将要调用此函数，并将有关信息通知编译系统。

实例 6-11　对被调用的函数作函数声明。

```
＃include <iostream.h>
int main( )
{
float add(float x, float y);
float a,b,c;
cin >> a >> b;
c = add(a,b);
cout <<" sum is "<< c <<"\n ";
return 0;
}
```

```
float add(float x, float y)
{
    float z;
    z = x + y;
    return(z);
}
```

运行结果如图 6-13 所示。

```
26.6 8.1
sum is34.7
```

图 6-13　实例 6-11 运行结果

这是一个很简单的函数调用的例子,函数 add 的作用是求两个实数之和,得到一个实型的函数返回值。程序第 3 行:float add(float x, float y);是对被调函数 add 作声明。

对被调函数声明的一般格式为:

　　类型说明符　函数名(类型形参 1,类型形参 2,…);

或为:

　　类型说明符　函数名(类型,类型,…);

在 C 语言中,以上的函数声明称为函数原型。它的作用主要是在程序的编译阶段对所调用函数的合法性进行全面检查。从例 6-11 中可以看到 main 函数的位置在 add 函数定义的前面,而编译是从上到下进行的,如果没有对函数进行声明,当编译到函数调用的语句"c=add(a,b);"时,编译系统不知道 add 是不是函数名,也无法判断实参(a 和 b)的类型和个数是否正确,因而无法进行正确性的检查。只有在运行时才会发现实参与形参的类型或个数是否正确。但是在运行阶段发现错误并重新调试程序是比较麻烦的,工作量也较大。应当在编译阶段尽可能地发现错误,随之纠正错误。现在人们在函数调用之前都用函数原型做函数声明。编译系统根据函数原型对函数调用的合法性进行全面的检查。和函数原型不匹配的函数调用会导致编译出错,它属于语法错误,用户根据屏幕显示的出错信息很容易发现和纠正错误。

函数的"定义"和"声明"不是一回事。"定义"是指对函数功能的确立,包括指定函数名、函数值类型、形参及类型、函数体等,它是一个完整的、独立的函数单位。而"声明"的作用则是把函数的名字、函数类型以及形参的类型、个数和顺序通知编译系统,以便在调用该函数时系统按此进行对照检查(例如函数名是否正确,实参与形参的类型和个数是否一致)。

C 语言中规定在以下几种情况时可以省去主调函数中对被调函数的函数声明。

(1) 如果被调函数的返回值是整型或字符型,可以不对被调函数作声明,而直接调用。这时系统将自动对被调函数返回值按整型处理。

(2) 当被调函数的函数定义出现在主调函数之前时,在主调函数中也可以不对被调函数再作声明而直接调用。如实例 6-10,函数 max 的定义放在 main 函数之前,因此可在 main 函数中省去对 max 函数的函数声明。

(3) 如在所有函数定义之前,在函数外预先声明了各个函数的类型,则在以后的各主调函数中,可不再对被调函数作说明。例如:在文件的开头已经对 max 函数做了函数声明 int

max(int a,int b);，则在 main 函数中可省去对 max 函数的函数声明。

6.3.3 函数参数

以前介绍过变量作为函数的参数，数组也可以作为函数的参数进行数据传送。数组作为函数参数有两种形式，一种是把数组元素作为实参使用；另一种是把数组名作为函数的形参和实参使用。

1. 数组元素作函数实参

数组元素与普通变量并无区别。数组元素作为函数参数时，其形参为简单变量，实参为数组元素。在发生函数调用时，把作为实参的数组元素的值传送给形参，实现单向的值传递。

实例 6-12 判别一个整数数组中各元素的值，若大于 0 则输出该值，若小于等于 0 则输出 0 值。数组元素作为函数实参。

```
#include <iostream.h>
int nzp(int v)                  /* 定义函数 nzp,形参变量 v */
{
  if(v > 0) return v;
  else return 0;
}
int main( )
{
  int a[5],i, r;
  cout <<" input 5 numbers:"<< endl;
  for(i = 0;i < 5;i++)
    cin >> a[i];
  for(i = 0;i < 5;i++)
  { r = nzp(a[i]);              /* 数组元素作为实参 */
    cout << r <<" ";
  }
  cout << endl;
  return 0;
}
```

运行结果如图 6-14 所示。

```
input 5 numbers:
67 8 0 -9 66
67 8 0 0 66
```

图 6-14　实例 6-12 运行结果

本程序中首先定义函数 nzp，并说明形参 v 为整型变量。在函数体中根据 v 值返回相应的结果。在 main 函数中用一个 for 语句输入数组各元素，一个 for 语句调用 nzp 函数并输出结果,把 a[i]的值传送给形参 v。

2. 数组名作为函数参数使用

实例 6-13　数组 a 中存放了一个学生 5 门课程的成绩,求平均成绩。

```cpp
#include<iostream.h>
float aver(float a[5])
{
    int i;
    float av,s = a[0];
    for(i = 1;i < 5;i++)
        s = s + a[i];
    av = s/5;
    return av;
}
int main( )
{
    float sco[5],av;
    int i;
    cout <<"\ninput 5 scores:";
    for(i = 0;i < 5;i++)
        cin >> sco[i];
    av = aver(sco);
    cout <<" average score is:"<< av << endl;
    return 0;
}
```

运行结果如图 6-15 所示。

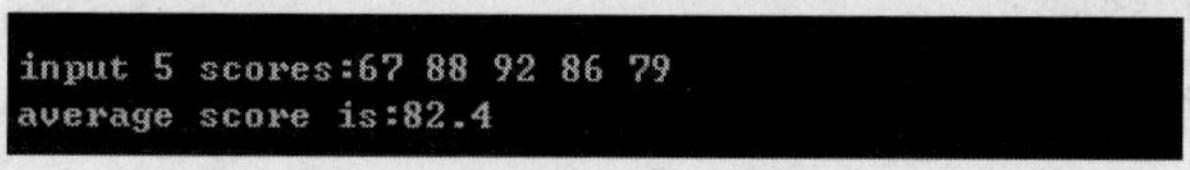

```
input 5 scores:67 88 92 86 79
average score is:82.4
```

图 6-15　实例 6-13 运行结果

本程序首先定义了一个实型函数 aver,形参为实型数组 a,长度为 5。在函数 aver 中,把各元素值相加求出平均值,返回给主函数。主函数 main 中首先完成数组 sco 的输入,然后以 sco 作为实参调用 aver 函数,函数返回值送 av,最后输出 av 值。从运行情况可以看出,程序实现了所要求的功能。

用数组名作函数参数与用数组元素作实参有几点不同。

(1) 用数组元素作实参时,与普通变量作实参完全一样。用数组名作函数参数时,要求形参和实参都必须是类型相同的数组,都必须有明确的数组说明。当形参和实参二者不一致时,即会发生错误。

(2) 数组元素作为函数参数时,编译系统为形参变量和实参变量分配两个不同的内存单元。数组名是数组的首地址,数组名作函数参数时把实参数组的首地址传给形参数组名,即形参数组和实参数组共占同一段内存空间。形参数组名取得该首地址之后,也就等于有了实在的数组,实例 6-13 说明了这种情形,sco 为实参数组,设 sco 占有以 2000 为首地址的一块内存区。a 为形参数组名,当发生函数调用时,进行地址传送,把实参数组 sco 的首地址传送给形参数组名 a,于是 a 也取得该地址 2000。于是 sco、a 两数组共同占有以 2000 为首地址的一段连续内存单元。sco 和 a 下标相同的元素也占相同的内存单元。例如 sco[0]和 a[0]都占用 2000 和 2001 单元,当然 sco[0]等于 a[0]。类推则有 sco[i]等于 a[i]。

(3)在变量作函数参数时,所进行的值传递是单向的。而当用数组名作函数参数时,由于实际上形参和实参为同一数组,当形参数组发生变化时,实参数组也随之变化,这称之为双向传递,也称为地址传递。

实例 6-14 判别一个整数数组中各元素的值,若大于 0 则输出该值,若小于等于 0 则输出 0 值。数组名作为函数实参。

```cpp
#include<iostream.h>
void nzp(int b[5])
{
    int i;
    for(i = 0;i < 5;i++)
    if(b[i]<= 0) b[i] = 0;
}
int main( )
{
    int a[5],i;
    cout <<" input 5 numbers:"<< endl;
    for(i = 0;i < 5;i++)
        cin >> a[i];
    cout <<" initial values of array a are:"<< endl;
    for(i = 0;i < 5;i++)
        cout << a[i]<<",";
    cout << endl;
    nzp(a);
    cout <<" last values of array a are:"<< endl;
    for(i = 0;i < 5;i++)
        cout << a[i] <<",";
    cout << endl;
    return 0;
}
```

运行结果如图 6-16 所示。

```
input 5 numbers:
87 0 -6 69 -32
initial values of array a are:
87,0,-6,69,-32,
last values of array a are:
87,0,0,69,0,
```

图 6-16　实例 6-14 运行结果

本程序中函数 nzp 的形参为整型数组 b,长度为 5。主函数中实参数组 a 也为整型,长度也为 5。在 main 函数中首先输入数组 a 的值,接着输出数组 a 的初始值。然后以数组名 a 为实参调用 nzp 函数。在 nzp 函数中,按要求把负值单元清 0。返回 main 函数之后,再次输出数组 a 的值。从运行结果可以看出,数组 a 的初值和终值是不同的,数组 a 的终值和数组 b 是相同的。这说明实参、形参为同一数组,它们的值同时改变。

(4) 数组名作参数时,实参数组必须定义为确定长度的数组,而形参数组则可以不给出长度,原因是形参数组并不另外分配内存单元,只是和实参数组共享数据。

上例的函数定义的首部可改写为:

void nzp(int a[])

或写为

void nzp(int a[],int n) /* main 函数中的函数调用改为 nzp(a,5) */

其中形参数组 a 没有给出长度,而由 n 值动态地表示数组的长度。n 的值由主调函数的实参进行传送。

6.3.4 函数的嵌套及递归调用

1. 函数的嵌套调用

C 语言中不允许对函数作嵌套定义,函数定义都是互相平行的,即一个函数内不能包含另一个函数的定义。但允许在一个函数的定义中出现对另一个函数的调用,即在被调函数中又调用其他函数。这样就叫函数的嵌套调用。

图 6-17 表示了两层嵌套的情形。其执行过程是:执行 main( )函数中调用 a( )函数的语句时,即转去执行 a( )函数,在 a( )函数中调用 b( )函数时,又转去执行 b( )函数,b( )函数执行完毕返回 a( )函数的断点继续执行,a( )函数执行完毕返回 main( )函数的断点继续执行。

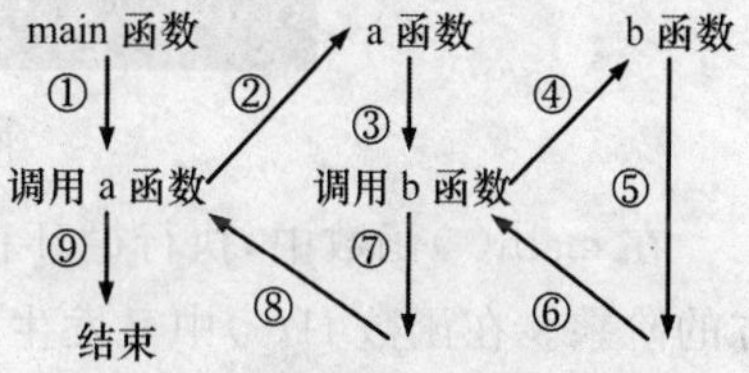

图 6-17 函数的嵌套调用

实例 6-15 计算 $s=(1*1)! + (2*2)! + (3*3)!$。

分析:本题可编写两个函数,一个是用来计算平方阶乘的函数 f1( ),另一个是用来计算阶乘值的函数 f2( )。main( )函数先调用 f1( )函数计算出平方值,再以平方值作为实参调用 f2( )函数,在 f2( )函数中求出阶乘,然后返回 f1( )函数,再返回 main( )函数,在 main( )函数中计算累加和。

```
# include <iostream.h>
double f2(int q)
{
  double c = 1;
  int i;
  for(i = 1;i <= q;i++)
    c = c * i;
  return c;
}
```

```
double f1(int p)
{
    int k;
    double r;
    k = p *p;
    r = f2(k);
    return r;
}
int main( )
{
    int i;
    double s = 0;
    for(i = 1;i <= 3;i ++)
        s = s + f1(i);
    cout <<"\n(1 * 1)! + (2 * 2)! + (3 * 3)! = "<< s << endl;
    return 0;
}
```

运行结果如图 6-18 所示。

```
(1*1)!+(2*2)!+(3*3)!=362905
```

图 6-18　实例 6-15 运行结果

在 main( )函数中,执行循环程序依次把 i 值作为实参传递给被调用函数 f1( )求 i 的平方的阶乘。在函数 f1( )中又发生对函数 f2( )的调用,这时是把 i 的平方作为实参去调用f2( )函数,在 f2( )函数中完成求阶乘运算。f2( )函数执行完毕把 c 的值返回给 f1( )函数,再由 f1( )返回主函数实现累加,至此由函数的嵌套调用实现了题目要求。由于数值比较大,所以函数和一些变量的类型都说明为双精度类型,否则会造成计算错误。

2. 函数的递归调用

在调用一个函数的过程中又出现直接或间接地调用该函数本身,称为函数的递归调用。被调函数又是下一层函数调用的主调函数。执行递归函数将反复调用其自身,每调用一次就进入新的一层。

(1) 递归的定义

例如:

```
int f(int x)
{
    int y;
    y = f(x - 1) + 1;
    return(y);
}
```

该函数在调用 f( )函数的过程中又调用到自身,如图 6-19 所示,是一个直接递归调用。在调用 f1( )函数的过程中要调用 f2( )函数,而在调用 f2( )函数的过程中要调用 f1( )函数,如图 6-20 所示,叫间接递归调用。

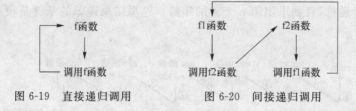

图 6-19 直接递归调用   图 6-20 间接递归调用

从上图可以看出,这两种递归将无休止地调用其自身,这当然是不正确的。为了防止递归调用无终止地进行,必须在函数内有终止递归调用的手段。常用的办法是加条件判断,满足某种条件后就不再作递归调用,然后逐层返回。

(2) 递归调用的执行过程

以下通过几个实例详细分析递归调用每一步的执行过程。

实例 6-16 有 5 个人坐在一起,问第 5 个人多少岁,他说比第 4 个人大 2 岁,问第 4 个人多少岁,他说比第 3 个人大 2 岁。问第 3 个人多少岁,他说比第 2 个人大 2 岁。问第 2 个人多少岁,他说比第 1 个人大 2 岁。最后问第 1 个人,他说 10 岁。请问第 5 个人多大?

分析:要求第 n 个人的年龄,必须先知道第 n−1 个人的年龄,满足递归的定义,而第一个人的年龄是已知的,满足递归结束的条件,用数学公式可表述如下:

$$age(n) = \begin{cases} 10 & (n = 1) \\ age(n-1) & (n > 1) \end{cases}$$

```cpp
#include <iostream.h>
int age(int n)
{
  int c;
  if(n==1)
    c = 10;
  else
    c = age(n-1) + 2;
  return(c);
}
int main( )
{
  cout << age(5);
  return 0;
}
```

运行结果如图 6-21 所示。

18

图 6-21 实例 6-16 运行结果

以此例来讲解递归程序的执行过程,分为两个阶段:将第 n 个人的年龄表示为第 n−1 个人的年龄加 2,而第 n−1 个人的年龄仍然不知道,进一步转换为求解第 n−2 个人的年龄……直到求解第 1 个人的年龄,此时满足递归结束条件,进入第二阶段。从第一个人的已知年龄开始,逐个递推,直到求出第 n 个人的年龄。这里结束递归的条件是很重要的。求解过程如图 6-22 所示。

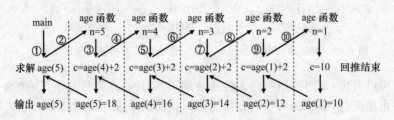

图 6-22　递归程序执行过程

实例 6-17　用递归法计算 n!。

分析:求 n! 可以从 1 开始,乘 2,再乘 3,…,一直乘到 n,这种方法容易理解,也容易实现,这是和递归不一样的。求 n! 也可以用递归方法,可用下述公式表示:

$$fac(n) = \begin{cases} 1 & (n = 1 \text{ 或 } n = 0) \\ fac(n-1) * n & (n > 1) \end{cases}$$

```cpp
#include <iostream.h>
float fac(int n)
{
  float f;
  if(n < 0)cout <<"n < 0,dataerror! ";
  else if(n==0|| n==1)f = 1;
    else f = fac(n-1) * n;
  return(f);
}
int main( )
{
  int n;
  float y;
  cout <<" input? a integer number:";
  cin >> n;
  y = fac(n);
  cout << n <<"! = "<< y;
  return 0;
}
```

运行结果如图 6-23 所示。

```
input  a integer number:5
5!=120
```

图 6-23 实例 6-17 运行结果

本程序中给出的函数 fac( )是一个递归函数。主函数调用 fac( )后即进入函数 fac( )执行,如果 n<0、n=0 或 n=1 时都将结束函数的执行,否则就递归调用 fac( )函数自身。其执行过程留给同学们分析。

6.4 变量的作用域与生命期

6.4.1 变量的属性

在讨论函数的形参时曾经提到,形参只在被调用期间才分配内存单元,调用结束立即释放。这一点表明形参只有在函数内才是有效的,离开该函数就不能再使用了。这种变量有效性的范围称为变量的作用域。不仅对于形参,C 语言中所有的变量都有自己的作用域。变量说明的方式不同,其作用域也不同。C 语言中的变量按作用域范围可分为两种,即局部变量和全局变量。

6.4.2 局部变量和全局变量

1. 局部变量

局部变量也称为内部变量。局部变量是在函数内部作定义说明的。其作用域仅限于函数内,离开该函数后再使用这种变量是非法的。

在下面的例子中,在函数 f1( )内定义了三个变量,a 为形参,b、c 为一般变量。在 f1( )的范围内 a、b、c 有效,或者说 a、b、c 变量的作用域限于 f1( )内。同理,x、y、z 的作用域限于 f2( )内。m、n 的作用域限于 main( )函数内。

```
int f1(int a)  /* 函数 f1 */
{ int b,c;                        ┐
...                               ├ a、b、c 作用域
}                                 ┘

int f2(int x)  /* 函数 f2 */
{ int y,z;                        ┐
...                               ├ x、y、z 作用域
}                                 ┘

main()
{ int m,n;                        ┐
...                               ├ m、n 作用域
}                                 ┘
```

说明：

（1）在函数内部定义的变量是局部变量，作用域仅限于本函数内部。

（2）main 函数中定义的变量也只能在 main 函数中使用，不能在其他函数中使用。同时，main 函数中也不能使用其他函数中定义的变量。因为 main 函数也是一个函数，它与其他函数是平行关系。

（3）形参是属于被调函数的局部变量，实参是属于主调函数的局部变量。

（4）允许在不同的函数中使用相同的变量名，它们代表不同的对象，分配不同的单元，互不干扰，也不会发生混淆。

（5）在复合语句中也可定义变量，其作用域只在复合语句范围内。

例如：

```
main()
{
    int s,a;
    ...
    {
        int b;
        s = a + b;
        ... /* b作用域 */
    }
    ... /* s、a作用域 */
}
```

变量 b 只在复合语句内有效，离开该复合语句就释放内存单元。

2. 全局变量

全局变量也称为外部变量，它是在函数外部定义的变量。它不属于哪一个函数，它是源程序文件中的一部分。

```
int a,b;                /* 外部变量 */
int f1(int a)           /* 函数 f1 */
{
    int c;
    ...
}
float x,y;              /* 外部变量 */
int f2( int a,int b)    /* 函数 f2 */
{
    int i , j;
    ...
}
main()                  /* 主函数 */
{
    int m, n;
```

...
}

从上例可以看出 a、b、x、y 都是在函数外部定义的外部变量,都是全局变量。

说明:(1) 全局变量的作用域是从定义位置开始到本源文件的结束。在一个函数之前定义的全局变量,在该函数内使用可不再加以说明。但在全局变量的定义之前的函数中使用全局变量,一般应在函数内作全局变量说明,全局变量的说明符为 extern。上例中的 x、y 定义在函数 f1( )之后,而在 f1( )内又没有对 x、y 的说明,所以它们在 f1( )内无效,如果想使用,必须在 f1( )函数定义的变量声明部分写上 extern x,y;它只是扩大 x、y 的作用域,并不是分配存储空间。a、b 定义在源程序最前面,因此在 f1( )、f2( )及 main( )内不加说明也可使用。

(2) 可以利用全局变量增加与函数联系的渠道,从函数得到一个以上的返回值。

(3) 不在必要时不要使用全局变量,因为:

① 全局变量在程序的全部执行过程中都占用存储单元,而不是仅在需要时才开辟单元;

② 它使函数的通用性降低了,因为函数在执行时要依赖于其所用到的外部变量;

③ 使用全局变量过多,会降低程序的清晰性,人们往往难以清楚地判断出每个瞬时各个外部变量的值,在各个函数执行时都可能改变外部变量的值,程序易出错。因此,要限制其使用。

(4) 外部变量与局部变量同名,则在局部变量的作用范围内,外部变量不起作用。如上例中 f1( )函数内的形参 a 与全局变量 a 同名,则在 f1( )函数内形参 a 有效。

实例 6-18　输入长方体的长宽高 l、w、h,求体积及三个面 x * y、x * z、y * z 的面积。
```
#include <iostream.h>
int s1,s2,s3;            /* 定义全局变量 */
int vs( int a,int b,int c)
{
    int v;
    v = a * b * c;
    s1 = a * b;
    s2 = b * c;
    s3 = a * c;
    return v;
}
int main( )
{
    int v,l,w,h;
    cout <<"\ninput length,width and height\n ";
    cin>> l >> w >> h;
    v = vs(l,w,h);
    cout <<" v = "<< v << endl;
```

```
    cout <<" s1 = "<< s1 << endl;
    cout <<" s2 = "<< s2 << endl;
    cout <<" s3 = "<< s3 << endl;
    return 0;
}
```

运行结果如图 6-24 所示。

```
input length,width and height
6  9  3
v=162
s1=54
s2=27
s3=18
```

图 6-24　实例 6-18 运行结果

本程序中定义了三个外部变量 s1、s2、s3，用来存放三个面的面积，其作用域为整个程序。函数 vs 用来求正方体体积和三个面的面积，函数的返回值为体积 v。由主函数完成长宽高的输入及结果输出。

6.4.3　变量的存储类型与生命期

1. 静态存储变量与动态存储变量

静态存储变量通常是在变量定义时就分配存储单元，直至整个程序结束。上节中介绍的全局变量即属于此类存储方式。动态存储变量是在程序执行过程中，使用它时才分配存储单元，使用完毕立即释放。典型的例子是函数的形式参数，在函数定义时并不给形参分配存储单元，只是在函数被调用时，才予以分配，调用函数完毕立即释放。如果一个函数被多次调用，则反复地分配、释放形参变量的存储单元。

我们把这种由于变量存储方式不同而产生的特性称变量的生存期。生存期表示了变量存在的时间。生存期和作用域从时间和空间这两个不同的角度来描述变量的特性。一个变量究竟属于哪一种存储方式，并不能仅从其作用域来判断，还应有明确的存储类型说明。在 C 语言中，对变量的存储类型说明有以下四种：auto（自动变量）、register（寄存器变量）、extern（外部变量）、static（静态变量）。自动变量和寄存器变量属于动态存储方式，外部变量和静态变量属于静态存储方式。

因此变量说明的完整形式应为：

存储类型说明符 数据类型说明符 变量名，变量名…；

例如：

static int a,b;　　　　　　　　/* 说明 a,b 为静态变量 */

auto char c1,c2;　　　　　　　/* 说明 c1,c2 为自动字符变量 */

static int a[5] = {1,2,3,4,5};　/* 说明 a 为静态整型数组 */

2. 自动变量

C 语言规定，函数内凡未加存储类型说明的变量均视为自动变量，也就是说可以省去说明符 auto。在前面各章的程序中函数内定义的变量凡未加存储类型说明符的都是自动变量。例如：

```
int i,j,k;
```

等价于：

```
auto int i,j,k;
```

自动变量具有以下特点。

(1) 自动变量的作用域仅限于定义该变量的个体内。在函数中定义的自动变量只在该函数内有效。在复合语句中定义的自动变量只在该复合语句中有效。

例如：

```
int kv(int a)
{
  auto int x,y;
  {
    auto char c;
  }                        /* c 的作用域 */
  ...
}                          /* a,x,y 的作用域 */
```

(2) 自动变量属于动态存储方式，只有在使用它（即定义该变量的函数被调用）时才给它分配存储单元，开始它的生存期。函数调用结束，释放存储单元，结束生存期。因此函数调用结束之后，自动变量的值不能被保留。在复合语句中定义的自动变量，在退出复合语句后也不能再使用，否则将引起错误。例如以下程序：

```
#include <iostream.h>
int main()
{
  auto int a;
  cout <<"\ninput a number:\n ";
  cin>> a;
  if(a>0)
  {
    auto int s,p;
    s = a+a;
    p = a*a;
  }
  cout <<" s = "<< s <<" "<<" p = "<< p;
  return 0;
}
```

s、p 是在复合语句内定义的自动变量，只能在该复合语句内有效。而程序的第 13 行却是退出复合语句之后用 cout 输出 s、p 的值，这显然会引起错误。应将输出 s、p 一行括到复合语句中作为复合语句的最后一条语句。

(3) 由于自动变量的作用域和生存期都局限于定义它的个体内（函数或复合语句内），

因此不同的个体中允许使用同名的变量而不会混淆。即使在函数内定义的自动变量也可与该函数内部的复合语句中定义的自动变量同名。

3. 静态变量

静态变量当然是属于静态存储方式,但是属于静态存储方式的量不一定就是静态变量。例如外部变量虽属于静态存储方式,但不一定是静态变量,必须由 static 加以定义后才能成为静态外部变量,或称静态全局变量。对于函数内的变量,存储类型缺省时认为是局部自动变量,属于动态存储方式,但是也可以用 static 定义它为静态自动变量,或称静态局部变量,从而成为静态存储方式。因此静态变量可分为静态局部变量和静态全局变量。

（1）静态局部变量

在局部变量的说明前再加上 static 说明符就构成静态局部变量。

例如：

```
static int a,b;
static float array[5] = {1,2,3,4,5};
```

静态局部变量属于静态存储方式,它具有以下特点。

① 静态局部变量在函数内定义,但不像自动变量那样,当调用时就存在,退出函数时就消失。静态局部变量始终存在着,也就是说它的生存期为整个程序运行期间。

② 静态局部变量的生存期虽然为整个程序运行期间,但是其作用域仍与自动变量相同,即只能在定义该变量的函数内使用该变量。退出所在函数后,尽管该变量还继续存在,但不能使用它。

③ 允许对构造类静态局部变量赋初值。在数组这一章中,介绍数组初始化时已作过说明。若未赋以初值,则由系统自动赋以 0 值。

④ 对静态局部变量若在说明时未赋以初值,则系统自动赋予 0 值。而对自动变量不赋初值,则其值是不定的。根据静态局部变量的特点,可以看出它是一种生存期为整个源程序的量。虽然离开定义它的函数后不能使用,但如再次调用定义它的函数时,它又可继续使用,而且保存了前次被调用后留下的值。因此,当多次调用一个函数且要求在调用之后保留某些变量的值时,可考虑采用静态局部变量。虽然用全局变量也可以达到上述目的,但全局变量有时会造成意外的副作用,因此仍以采用局部静态变量为宜。

实例 6-19 自动变量在函数中的作用。

```
# include <iostream.h>
# include <iomanip.h>
void f( )                        /* 函数定义 */
{
    auto int j = 0;
    ++j;
    cout <<setw(3)<<j;
}
int main( )
{
    int i;
```

```
for(i = 1;i <= 5;i++)
    f();                          /* 函数调用 */
cout << endl;
return 0;
}
```

运行结果如图 6-25 所示。

```
1 1 1 1 1
```

图 6-25 实例 6-19 运行结果

本程序中定义了函数 f,其中的变量 j 说明为自动变量并赋予初始值为 0。当 main 中多次调用 f 时,j 的初值均为 0,故每次输出值均为 1。现在把 j 改为静态局部变量。

实例 6-20 静态局部变量在函数中的作用。

```
# include <iostream. h>
# include <iomanip. h>
void f( )
{
    static int j = 0;
    ++j;
    cout << setw(3)<< j;
}
int main( )
{
    int i;
    for(i = 1;i <= 5;i++)
        f( );
    cout << endl;
    return 0;
}
```

运行结果如图 6-26 所示。

```
1  2  3  4  5
```

图 6-26 实例 6-20 运行结果

由于 j 为静态变量,能在每次调用后保留其值并在下一次调用时继续使用,所以每调用一次函数 j 就在原值基础上增 1。读者可自行分析其执行过程。

(2) 静态全局变量

在前面介绍全局变量时已介绍过外部变量,全局变量(外部变量)的说明之前再冠以 static 就构成了静态的全局变量。全局变量本身就是静态存储方式,静态全局变量当然也是静态存储方式。这两者在存储方式上并无不同。这两者的区别就在于非静态全局变量的作用域是整个源程序,当一个源程序由多个源文件组成时,非静态的全局变量在各个源文件中都是有效的。而静态全局变量则限制了其作用域,即只在定义该变量的源文件内有效,在同一源程序的其他源文件中不能使用它。由于静态全局变量的作用域局限于一个源文件内,只能为该源文件内的函数公用,因此可以避免在其他源文件中被引用而引起的错误。从以上分析可以看出,把局部变量改变为静态变量后是改变了它的存储方式,即改变了它的生存期。把全局变量改变为静态全局变量后也是改变了它的作用域,限制了它的使用范围。因此 static 这个说明符在不同的地方所起的作用是不同的。

4. 外部变量

在前面介绍全局变量时已介绍过外部变量。这里再补充说明外部变量的几个特点。

(1) 外部变量和全局变量是对同一类变量的两种不同角度的提法。全局变量是从它的作用域提出的,外部变量是从它的存储方式提出的,表示了它的生存期。

(2) 当一个源程序由若干个源文件组成时,在一个源文件中定义的外部变量在其他的源文件中也有效,但需要在其他源文件中用 extern 声明。例如有一个源程序由源文件 F1.C 和 F2.C 组成:

```
F1.C
int a,b;              /* 外部变量定义 */
char c;               /* 外部变量定义 */
int main( )
{
...
}
F2.C
extern int a,b;       /* 外部变量说明 */
extern char c;        /* 外部变量说明 */
func(int x,y)
{
...
}
```

在 F1.C 和 F2.C 两个文件中都要使用 a、b、c 三个变量。在 F1.C 文件中把 a、b、c 都定义为外部变量。在 F2.C 文件中用 extern 把三个变量说明为外部变量,表示这些变量已在其他文件中定义,编译系统不再为它们分配内存空间。对构造类型的外部变量,如数组等可以在说明时作初始化赋值,若不赋初值,则系统自动设置初值为 0。

6.5 典型算法

实例 6-21 Hanoi(汉诺)塔问题。

这是一个古典的数学问题,是一个用递归方法解题的典型例子。问题是这样的:古代某寺庙中有一个梵塔,塔内有 3 个座 A、B 和 C,开始时 A 座上放着 64 个大小不等的盘子,其中大盘在下,小盘在上(如图 6-27 所示)。有一个老和尚想把这 64 个盘子从 A 座搬到 C

座,但每次只允许移动一个盘,且在移动过程中在 3 个座上都始终保持大盘在下,小盘在上。在移动过程中可以利用 B 座,要求编程序输出移动的步骤。

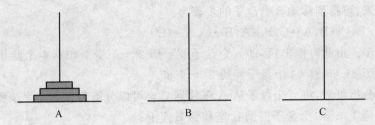

图 6-27 Hanoi(汉诺)塔

我们是不大可能直接写出移动盘子的每一个具体步骤的。老和尚自然会这样想:假如有另外一个和尚能有办法将 63 个盘子从一个座移到另一个座。那么,问题就解决了。此时老和尚只需这样做:

(1) 命令第 2 个和尚将 63 个盘子从 A 座移到 B 座;

(2) 自己将 1 个盘子(最底下的、最大的盘子)从 A 座移到 C 座;

(3) 再命令第 2 个和尚将 63 个盘子从 B 座移到 C 座;

至此,全部任务完成了。这就是递归方法。但是,有一个问题实际上未解决:第 2 个和尚怎样才能将 63 个盘子从 A 座移到 B 座?

为了解决将 63 个盘子从 A 座移到 B 座,第 2 个和尚又想:如果有人能将 62 个盘子从一个座移到另一个座,我就能将 63 个盘子从 A 座移到 B 座,他是这样做的:

(1) 命令第 3 个和尚将 62 个盘子从 A 座移到 C 座;

(2) 自己将 1 个盘子从 A 座移到 B 座;

(3) 再命令第 3 个和尚将 62 个盘子从 C 座移到 B 座;

再进行一次递归。如此"层层下放",直到后来找到第 63 个和尚,让他完成将 2 个盘子从一个座移到另一个座,进行到此,问题就接近解决了。最后找到第 64 个和尚,让他完成将 1 个盘子从一个座移到另一个座,至此,全部工作都已落实,都是可以执行的。

可以看出,递归的结束条件是最后一个和尚只需移动一个盘子,否则递归还要继续进行下去。

应当说明,只有第 64 个和尚的任务完成后,第 63 个和尚的任务才能完成。只有第 2 个到第 64 个和尚任务完成后,第 1 个和尚的任务才能完成。这是一个典型的递归的问题。

为便于理解,先分析将 A 座上 3 个盘子移到 C 座上的过程:

(1) 将 A 座上 2 个盘子移到 B 座上(借助 C);

(2) 将 A 座上 1 个盘子移到 C 座上;

(3) 将 B 座上 2 个盘子移到 C 座上(借助 A)。

其中第(2)步可以直接实现。第(1)步又可用递归方法分解为:

① 将 A 上 1 个盘子从 A 移到 C;

② 将 A 上 1 个盘子从 A 移到 B;

③ 将 C 上 1 个盘子从 C 移到 B;

第(3)步可以分解为:

① 将 B 上 1 个盘子从 B 移到 A;

② 将 B 上 1 个盘子从 B 移到 C;

③ 将 A 上 1 个盘子从 A 移到 C;

将以上综合起来,可得到移动 3 个盘子的步骤为:

A→C,A→B,C→B,A→C,B→A,B→C,A→C。

共经历七步。由此可推出:移动 n 个盘子要经历 2^n-1 步。如移 4 个盘子经历 15 步,移 5 个盘子经历 31 步,移 64 个盘子经历 $2^{64}-1$ 步。

由上面的分析可知:将 n 个盘子从 A 座移到 C 座可以分解为以下 3 个步骤:

(1) 将 A 座上 n−1 个盘子借助 C 座移到 B 座上;

(2) 把 A 座上剩下的一个盘子移到 C 座上;

(3) 将 n−1 个盘子从 B 座借助 A 座移到 C 座上。

上面第(1)步和第(3)步都是把 n−1 个盘从一个座移到另一个座上,采取的办法是一样的,只是座的名字不同而已。

因此,可以把上面 3 个步骤分成两类操作:

(1) 将 n−1 个盘子从一个座移到另一个座上(n>1)。每个和尚将任务层层下放,直到第 64 个和尚为止。

(2) 将 1 个盘子从一个座上移到另一座上。

分别用两个函数实现以上的两类操作,用 hanoi 函数实现第 1 类操作,用 move 函数实现上面第 2 类操作,函数调用 hanoi(n,a,b,c)表示将 n 个盘子从 a 座移到 c 座的过程(借助 b 座)。函数调用 move(x,y)表示将 1 个盘子从 x 座移到 y 座的过程。程序如下:

```cpp
#include <iostream.h>
int main( )
{
    void hanio(int n, char a, char b, char c);    /* 对 hanoi 函数的声明 */
    int m;
    cout <<"input the number of disk:";
    cin>>m;
    cout <<"the step to moveing:\n";
    hanio(m, 'A', 'B', 'C');
    return 0;
}
void hanio(int n, char a, char b, char c)        /* 定义 hanoi 函数 */
{                                                /* 将 n 个盘从 a 座借助 b 座移到 c 座 */
    void move(char x,char y);                    /* 对 move 函数的声明 */
    if(n==1)
        move(a, c);
    else
    {
        hanio(n-1, a, c, b);
        move(a, c);
```

```
    hanio(n-1, b, a, c);
    }
}
void move(char x,char y)                           /* 定义 move 函数 */
{ cout << x <<"-->"<< y << endl; }
```

运行过程如图 6-28 所示。

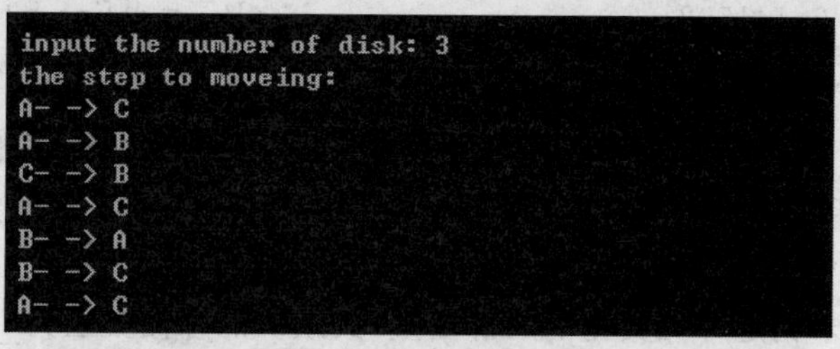

```
input the number of disk: 3
the step to moveing:
A--> C
A--> B
C--> B
A--> C
B--> A
B--> C
A--> C
```

图 6-28 实例 6-21 运行结果

思考和练习题

一、选择题

1. 以下说法中正确的是(   )。

A. C 语言程序总是从第一个定义的函数开始执行

B. 在 C 语言程序中,要调用的函数必须在 main()函数中定义

C. C 语言程序总是从 main()函数执行

D. C 语言程序中的 main()函数必须放在程序的开始部分

2. 下列关于函数的叙述正确的是(   )。

A. 每个 C 程序源文件中都必须有一个 main()函数

B. C 程序中 main()函数的位置是固定的

C. C 程序中所有函数之间都可以相互调用,与函数所在位置无关

D. 在 C 程序的函数中不能定义另一个函数

3. 以下关于变量的作用域说法正确的是(   )。

A. 在不同函数中不能定义同名变量

B. 全局变量的作用范围仅限于其所在的文件

C. 在函数内复合语句中定义的变量在本函数内有效

D. 形式参数的作用范围仅限于本函数

4. 以下关于 C 函数参数说法不正确的是(   )。

A. 实参可以是常量、变量和表达式

B. 形参可以是常量、变量和表达式

C. 实参可以为任意数据类型

D. 形参应与对应的实参类型一致

5. 以下关于 C 函数返回值的叙述正确的是(　　)。

A. 被调函数中只有使用 return 语句才能返回主调函数

B. 使用一个 return 语句可以返回多个函数值

C. 函数返回值类型取决于 return 语句中的表达式类型

D. 函数返回值类型取决于定义该函数时所指定的类型

6. 下列定义不正确的是(　　)。

A. ♯define PI 3.141592   B. ♯define S345

C. int max(x,y); int x,y; { }   D. static char c

二、填空题

1. 未加特别说明(说明为静态的)的全局变量是外部的,能被其他文件中的函数使用,在引用它的文件中,需要用关键字_____声明。

2. 凡是函数中未指定存储类型的局部变量,其默认的存储类型为_____。

3. 当调用函数时,实参是一个数组名,则向被调函数传递的是_____。

4. 在调用函数时,若实参是简单变量,它与对应形参之间的数据 传递方式是_____。

5. 以下函数用以求 x 的 y 次方。请填空。

```
double fun(double x,int y)
{
    int i;double z = 1;
    for(i = 1;i_____;i++)
    z = _____;
    return z;
}
```

6. C 语言编译系统对宏命令的处理是在_____进行的。

三、判断题

1. 函数既可以嵌套定义,又可以嵌套调用。 (　　)

2. C 语言源程序的基本结构单位是 main 函数。 (　　)

3. 因为在调用 C 语言标准库函数时,程序中要用到 include 命令,它也是 C 语言的。 (　　)

4. 调用函数时,函数名必须与所调用的函数名字完全一致。 (　　)

5. 宏替换中对参数没有类型的要求。 (　　)

6. 在 C 语言中,凡是以"♯"号开头的行都为命令行。 (　　)

7. 宏定义的定义位置一般写在程序的开头。 (　　)

8. 用作宏名的标识符用大小写字符都可以表示。 (　　)

9. 宏替换占用运行时间,函数调用过程中不占用一定的时间。 (　　)

10. 宏替换中,实参能替换括在双引号中的形参。 (　　)

四、分析程序,写出结果

```
1. ♯include <iostream.h>
   fun1(int a,int b)
```

```
    {
        int c;
        a += a; b += b; c = fun2(a,b);
        return c * c;
    }
    fun2(int a,int b)
    {
        int c;
        c = a * b % 3;
        return c;
    }
    int main( )
    {
        int x = 11,y = 19;
        cout <<" The final result is:"<< fun1(x,y);
    }
```

2. ```
   # include <iostream. h>
   int x;
   int main( )
   {
       x = 5;
       cube( );
       cout << x;
   }
   cube( )
   { x = x *x *x; }
   ```

3. ```
   # include <iostream. h>
   long fun(int n)
   {
       long s;
       if(n==1||n==2)
           s = 2;
       else
           s = n + fun(n-1);
       return s;
   }
   int main( )
   {
       cout << fun(4);
   }
   ```

```
4. #include <iostream.h>
   int main( )
   {
       int i;
       for(i = 0; i < 2; i++)
           add( );
   }
   add( )
   {
       int x = 0;
       static int y = 0;
       cout << x << y;
       x++; y = y + 2;
   }

5. #include <iostream.h>
   int main( )
   {
       int k = 4, m = 1, p;
       p = func(k, m); cout << p;
       p = func(k, m); cout << p;
   }
   func(int a, int b)
   {
       static int m = 0, i = 2;
       i += m + 1; m = i + a + b;
       return m;
   }
```

五、分析程序,补充填空

1. 编写一个验证正整数 M 是否为素数的函数,若 M 是素数则把 1 送到 T 中,否则零送到 T 中。在主函数中读入 N 个正整数,每读入一个则调用函数判断它是否为素数,在主函数中将 T 的值累加到另一个变量中。用此方法可求出 N 个数中素数的个数。请填空完成上述功能的程序。

```
#include <iostream.h>
#include <math.h>
int prime(int m)
{
    int i, pp = 1;
    for(i = 2; _____; i++)
        if(m % i == 0) pp = 0;
    if(m == 1) _____
```

```
      return(pp);
    }
    int main()
    {
      int a[20],i,sum = 0;
      for(i = 0;i < 10;i++)
      {
        cin >> a[i];
        sum = sum + prime(a[i]);
      }
      cout << sum;
    }
```

2. 编写一函数,由实参传来一个字符串,统计此字符串中字母、数字、空格和其他字符的个数,在主函数中输入字符串以及输出上述的结果。请填空完成上述功能的程序。

```
# include <iostream. h>
# include < ctype. h>
void fltj(char str[],int a[])
{
  int ll,i;
  ll = _____
  for(i = 0;i < ll;i++)
  {
    if(_____) a[0]++;
    else if(_____) a[1]++;
      else if(_____) a[2]++;
        else a[3]++;
  }
}
int main( )
{
  static char str[60];
  static int a[4] = {0,0,0,0};
  gets(str);
  fltj(str,a);
  cout << str <<" char:"<< a[0] <<"digit:"<< a[1]
    <<" space:"<< a[2] <<" other:"<< a[3];
}
```

3. 用递归方法求 N 阶勒让德多项式的值,递归公式为

$$P_n=\begin{cases} 1 & (n=0) \\ x & (n=1) \\ ((2n-1)\cdot x\cdot p_{n-1}(x)-(n-1)\cdot p_{n-2}(x))/n & (n>1) \end{cases}$$

```
#include<iostream.h>
int main( )
{
    float pn( );
    float x,lyd;
    int n;
    cin>> n >> x;
    lyd = _____
    cout << lyd;
}
float pn(float x,int n)
{
    float temp;
    if(n==0) temp = 1;
    else if(n==1) temp = _____
       else temp = _____
    return(temp);
}
```

4. 以下函数的功能是:求 x 的 y 次方,请填空。

```
double fun(double x,int y)
{
    int i;
    double z;
    for(i = 1,z = x;i < y;i++)
    z = z * _____;
    return z;
}
```

六、程序设计题

1. 写两个函数,分别求两个整数的最大公约数和最小公倍数,用主函数调用这两个函数,并输出结果。两个整数由键盘输入。

2. 定义一个带参数的宏,使两个参数的值互换,并写出程序,输入两个数作为使用宏时的实参。输出已交换后的两个值。

3. 对一组数据进行逆序存储。写一个函数来完成逆序存储,在主函数调用此函数。

第7章

指　针

本章导读

　　指针是 C 语言中广泛使用的一种数据类型。运用指针编程是 C 语言最主要的风格之一。利用指针变量可以表示各种数据结构;能很方便地使用数组和字符串;并能像汇编语言一样处理内存地址,从而编出精练而高效的程序。学习指针是学习 C 语言的最重要的一环,能否正确理解和使用指针是是否掌握 C 语言的一个标志。同时,指针也是 C 语言中最为困难的一部分。在学习中除了要正确理解基本概念,还必须要多编程,多调试。只要做到这些,指针也是不难掌握的。

本章要点

➤变量、内存单元和地址之间的关系。

➤指针变量的定义、使用和初始化。

➤指针变量的基本运算。

➤指针作为函数参数及通过指针实现从被调函数中返回多个值。

7.1　设计一个指针处理学生成绩的程序

7.1.1　实例解析

实例 7-1　利用指针作为函数参数实现交换两个变量的值。

```cpp
#include<iostream.h>
void swap(int *p1,int *p2)
{
  int p;    /* p 为简单变量 */
  p = *p1;
  *p1 = *p2;
  *p2 = p;
}
```

```
int main( )
{
    int a,b;
    int *pointer_1, *pointer_2;     /* 定义两个指针变量 */
    cout <<"Please enter the number two:";
    cin >> a >> b;
    pointer_1 = &a; pointer_2 = &b;
    if(a < b)
        swap(pointer_1,pointer_2);
    cout <<"The output after the exchange of results:"<< a <<" "<< b << endl;
    return 0;
}
```

运行结果如图 7-1 所示。

```
Please enter the number two:5 8
The output after the exchange of results:8 5
```

图 7-1 实例 7-1 运行结果

指针作为函数参数满足值传递方式。其分析过程如图 7-2 所示。

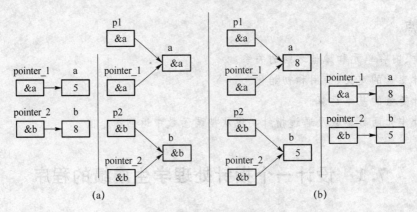

图 7-2 实例 7-1 中变量互换前后情况

在 main 函数中输入 a、b 的值,当 a 小于 b 时,调用 swap 函数,把实参 pointer_1 和 pointer-_2(即 a 和 b 的地址)分别传给形参指针变量 p1 和 p2。图 7-2(a)为执行 swap 函数体之前各变量的关系,图 7-2(b)为 swap 函数执行完各变量的关系。通过分析发现实参(即 a 和 b 的地址)没有发生变化,但通过形参指针变量的间接访问功能交换了 a、b 变量的值,在 swap 函数调用结束后,main 函数中可以使用这些改变了的值。这就是指针作为函数参数的优点之处。

7.1.2 变量的直接访问和间接访问

在计算机中,内存中的一个字节称为一个内存单元,不同数据类型的变量所占用的内存单元数不等,一般整型量占 2 个字节,字符型量占 1 个字节,实型量占 4 个字节。为了正确地访问这些内存单元,为每个内存单元编一个号,这个编号就叫作内存单元的地址。一个变量的"地址"就是该变量所占内存单元中第一个单元的地址。根据变量地址就可以找到变量的内存单元,也可以说,地址指向该变量单元。

变量的地址和变量的内容是两个不同的概念,可以用一个通俗的例子来说明它们之间的关系。我们到银行去存款时,银行工作人员将根据我们的账号去找我们的存款单,找到之后在存单上写入存款的金额。在这里,账号就是存单的指针,存款数是存单的内容。举例说明:现在定义了两个整型变量 i,j;编译时系统为 i 变量分配 2000 和 2001 两个字节的内存单元,为 j 变量分配 2002 和 2003 两个字节的内存单元。这样变量名就同变量的地址建立起一一对应的关系,如图 7-3 所示。

```
int i,j;
i = 2;
j = i + 3;
```

编译系统根据变量名与变量地址的对应关系,通过变量名 i 找到 2000 开始的两个字节的内存单元并把 2 放进去。再从 i 对应的内存单元中取出 2 和常量 3 相加,并把计算结果送到 j 所占的 2002、2003 字节单元中。

上例中通过变量名直接对内存单元进行存取操作的方式叫"直接访问"。还有另外一种方式叫"间接访问"。在 C 语言中,允许有这样一种存放变量地址的变量 p,编译系统为 p 分配 3010、3011 两个字节的内存单元(如图 7-3 所示),我们称 p 为指针变量。现在我们假设把变量 i 的地址放在指针变量 p 中,p＝&i;p 的值就是 i 变量的地址(2000)。现在我们想访问 i 变量的内容不是通过 i 直接访问,而是通过 p 变量先取得 i 变量的地址(2000),然后到 2000、2001 的字节单元中取得 i 的内容 2,这种访问方式称为间接访问。在这种情况下,形象地称 p 指向变量 i,或说 p 是指向变量 i 的指针变量。

图 7-3　变量名与地址

地址具有指向作用,一般形象地称其为"指针",指针是地址常量。而一个指针变量却可以被赋予不同的指针值,是值为地址的变量,因此一定要区分清指针和指针变量这两个概念。定义指针变量的目的是为了通过指针去访问内存单元,从而实现间接访问的功能。

7.2　指　针

7.2.1　指针变量

如果在程序中声明一个变量并用地址作为该变量的值,那么这个变量就是指针变量。定义指针变量的一般形式为:

基类型　＊指针变量名;

定义一个指针变量必须用指针说明符"＊"标识,表示这是一个指针变量,指针变量名不包括"＊",基类型表示指针变量所指向变量的数据类型,即只能将数据类型为基类型的变量地址赋给"＊"后面的指针变量,这与后面讲的指针移位有关。指针变量名是一个标识符,要按照 C 标识符的命名规则对指针变量进行命名。

例如:

int *p1;

表示定义了一个指向整型变量的指针变量 p1,它可存放整型变量的地址。或者说 p1 是一个指向整型变量的指针变量。至于 p1 究竟指向哪一个整型变量,应由赋予 p1 的地址来决定。

又如:

```
float *p3;          /*p3 是指向浮点变量的指针变量 */
char *p4;           /*p4 是指向字符变量的指针变量 */
```

应该注意的是,一个指针变量只能指向同类型的变量,即 p1 只能指向整型变量;而 p3 只能指向浮点变量,不能时而指向一个浮点变量,时而又指向一个字符变量。

7.2.2 指针运算

如果指针的值是某个变量的地址,通过指针就能间接访问那个变量,这些操作由取地址运算符"&"和间接访问运算符"＊"完成。此外,相同类型的指针还能进行赋值、比较和算术运算。

1. 指针变量的赋值

指针变量在使用之前不仅要定义说明,而且必须赋予具体的值。未经赋值的指针变量其指向是不确定的,不能使用,否则将造成系统混乱,甚至死机。指针变量只能赋予与基类型相同类型的变量地址,决不能赋予任何其他非地址数据,否则将引起错误。

在 C 语言中,变量的地址是由编译系统分配的,对用户完全透明,用户不知道变量的具体地址。C 语言中提供了地址运算符 & 来获取变量的地址,其功能是取变量的地址。如 &a 表示变量 a 的地址,&b 表示变量 b 的地址,变量本身必须预先声明。

设有指向整型变量的指针变量 p,如要把整型变量 a 的地址赋予 p 可以有以下几种方式。

(1) 指针变量初始化的方法

```
int a;
int *p = &a;
```

(2) 赋值语句的方法

```
int a;
int *p;
p = &a;
```

注意:可以通过赋值的方法将一个变量的地址赋予指向相同数据类型的指针变量。但不允许把一个数赋予指针变量,故下面的赋值是错误的:

```
int *p;
p = 1000;
```

被赋值的指针变量前不能再加"＊"说明符,如写为 *p＝&a 也是错误的。

（3）相互赋值的方法

int a;

int *pa = &a, *pb;

pb = pa;

可以把一个指针变量的值赋予与其基类型相同的另一个指针变量。由于 pa、pb 均为指向整型变量的指针变量，因此可以相互赋值。

2. 指针变量的引用

在指针变量的引用中有一个经常使用的运算符就是取内容运算符 *，在 * 运算符之后必须是指针变量，用来实现间接访问的功能。如：

int a, *p = &a;

*p = 2;

*p 就是 p 指向的变量，相当于 a，即 a 被赋值为 2。

需要注意的是，指针运算符 * 和指针变量定义中的指针说明符 * 不是一回事。在指针变量定义中，"*"是一个指针标志，表示其后的变量是指针类型。而在引用时"*"则是一个指针运算符，表示指针变量所指向的变量。

实例 7-2 通过指针变量访问整型变量。

```
#include <iostream.h>
int main( )
{
    int a,b;
    int *p1, *p2;                /* 定义两个指针变量 p1 和 p2 */
    a = 100; b = 10;
    p1 = &a; p2 = &b;            /* 分别把 a、b 变量的地址赋给 p1,p2,相当于 p1,p2
                                   分别指向 a,b */
    cout << a <<" "<< b << endl;    /* 用直接访问方式输出 a,b 变量的值 */
    cout << *p1 <<" "<< *p2 << endl;  /* 用间接访问方式输出 a,b 变变量的值 */
    return 0;
}
```

运行结果如图 7-4 所示。

```
100 10
100 10
```

图 7-4 实例 7-2 运行结果

上面一个简单的例子说明指针变量的定义、赋值和引用的过程，其中 p1 和 p2 两个指针变量分别存放 a 和 b 两个整型变量的地址。可以通过 *p1 和 *p2 对 a 和 b 进行间接访问。

实例 7-3 输入 a 和 b 两个整数，按先大后小的顺序输出 a 和 b。

```
#include <iostream.h>
int main( )
{
```

```
int a,b;
int *p1, *p2, *p;
cin >> a >> b;
p1 = &a; p2 = &b;
if(a < b)
{
    p = p1;
    p1 = p2;
    p2 = p;
}
cout << a <<" "<< b << endl;
cout << *p1 <<" "<< *p2 << endl;
return 0;
}
```

运行结果如图 7-5 所示。

图 7-5　实例 7-3 运行结果

当输入 5 和 8 后,其交换前两个变量的情况如图 7-6(a)所示,其交换后两个变量的情况如图 7-6(b)所示。

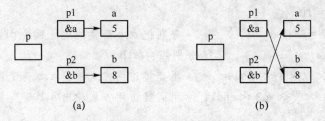

(a)　　　　　　　　　　　(b)

图 7-6　变量交换前后的情况

通过以上的学习,我们对 & 和 * 运算符进行如下总结(假设在 int a, *p = &a;的前提下):

(1) & 和 * 都是单目运算符,都为右结合性,并为同一级运算符。

(2) a、*p 和 * &a 都为对变量 a 的内容的不同访问方式。其中 * &a = * (&a)。

(3) p、&a 和 & *p 都为取变量 a 的地址的不同方式。其中 & *p = &(*p)。

(4) (*p) ++ 相当于 a ++。都为使变量 a 的值加 1,区别于 *p ++。

7.3　指针与数组

数组分配的内存单元是连续的,数组名就是这块连续内存单元的首地址,这样使得数组和指针的关系十分密切。

7.3.1　指向数组元素的指针

一个数组是由类型相同的多个数组元素组成的,每个数组元素都占有数量相同的内存单元,所占第一个内存单元的地址就是数组元素的地址。一个指针变量也可以指向一个数组元素,可以把第一个元素的地址赋予它,也可以把第i个元素的地址赋予它。由于数组元素和普通变量一样,所以指向数组元素的指针变量的基类型为数组的类型,且与普通指针变量定义的格式相同。

例如:

int a[10];　　　/*定义包含10个整型数据的数组a*/

int *p;　　　　/*定义p为指向整型变量的指针变量*/

p = &a[0];

C语言规定数组名代表数组首地址,即首元素(即下标为0的元素)的地址,并不代表整个数组。因此,下面两条语句是等价的。

p = &a[0];

p = a;

上面的两条语句的作用使得p、a、&a[0]均指向同一单元,它们是数组a的首地址,也是0号元素a[0]的地址,如图7-7所示。

也可以通过初始化的方式赋值。如:

int　a[10], *p = a;

应该说明的是:p是变量,而a、&a[i]都是地址常量,在编译时由系统分配,在程序执行过程中不能改变。在编程时应予以注意。

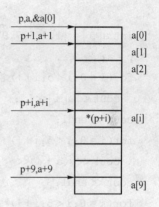

图 7-7　p、a、&a[0] 均指向同一单元

7.3.2　数组指针

数组指针即数组地址,可以用指针的形式访问数组的各个元素。

C语言规定,如果指针变量p已指向数组中的一个元素,则p+1将指向同一个数组中的下一个元素,而不是简单的加1。

例如

int a[10], p = a;

假设起始地址为1010,则p+1和a+1意味着使p或a的值(地址)加两个字节(变为1012),指向下一个元素。

通过指针表示时,a[0]的地址也可以用a表示,a[1]的地址可以用a+1表示,类推,a[i]的地址可以用a+i表示。

设 int *p;p=a;那么用p+i就可以表示a[i]的地址,即指向a数组的第i个元素,实现了通过指针引用数组元素,如图7-8所示。

通过7.3.1节知道,*p表示p所指向的变量,设int a[10], *p=a;则*(p+2)就表示p+2所指向的数组元素,即a[2]。

另外,指向数组的指针变量也可以带下标,如 p[i] 与 *(p+i) 等价。

由此可得:*(p+i) 或 *(a+i) 是 p+i 或 a+i 所指向的数组元素 a[i],进而可得关系式:*(p + i) = *(a + i) = a[i] = p[i]。

注意:上述讨论都是在 p = a;的前提下成立的。

综上所述,引用一个数组元素的方法有以下两种。

(1)下标法:指出数组名和下标值,如 a[i] 形式(在第 5 章中介绍数组时都是采用这种方法)。

(2)指针法:通过给出地址访问某一元素,如 *(p + i) 或 *(a + i) 形式。

实例 7-4 输出数组的全部元素。

```cpp
#include <iostream.h>
int main( )
{
    int a[5] = {1,3,5,7,9},i, *p;
    p = a;
    for(i = 0;i < 5;i++)
        cout << a[i]<<" ";          /* 下标法 */
    cout << endl;
    for(i = 0;i < 5;i++)
        cout << *(a + i)<<" ";      /* 地址法 */
    cout << endl;
    for(i = 0;i < 5;i++)
        cout << *(p + i)<<" ";      /* 地址法,这里的 a 与 p 等价 */
    cout << endl;
    p = a;
    for(;p < a + 5;p++)
        cout << *p <<" ";           /* 指针法,这里的 p 指针发生变化 */
    cout << endl;
    return 0;
}
```

运行结果如图 7-8 所示。

```
1 3 5 7 9
1 3 5 7 9
1 3 5 7 9
1 3 5 7 9
```

图 7-8 实例 7-4 运行结果

下标法比较直观,可以直接指出是第几个元素,但 C 编译系统总是将 a[i] 转换为 *(a + i)处理,即先按数组的首元素的地址加上相对位移量得到要找元素的地址,然后找出该单元的内容。指针法处理速度快,不必每次都重新计算地址,但不直观,难以快速判断当前处理的元素下标。同时注意指针变量的值是可以改变的。如 p++,而数组名(如 a)是不可以改变的,是常量。因此要注意指针变量的当前值。如上例执行完循环以后 p 指针已不再指向数组的首地址。C 语言不对数组越界作检查,编程时必须人为注意,否则可能会导致意想不到的结果甚至死机。

区别以下几个表达式,假设 int a[10], *p = a;

(1) *p++ 相当于 *(p++),先得到 p 指向的变量的值(即 *p),然后再使 p 自加 1。

(2) *++p 相当于 *(++p),先使 p 自加 1,然后再取 *p。

(3) ++*p 相当于 ++(*p)先对 p 指向的变量的值自加 1,然后参与运算。

(4) (*p)++ 先得到 p 指向的变量的值(即 *p)参与运算,即先得到 p 指向的变量的值然后加 1(不是指针值加 1)。

用指针变量可以指向多维数组,也可以指向多维数组中的元素。但在概念上和使用上都相对复杂一些。这里以二维数组为例来讲解。

7.3.3　多维数组的指针

设有一个二维数组:

int　a[3][4]＝{{1,2,3,4},{5,6,7,8},{9,10,11,12,13}};

C 语言允许把一个二维数组分解为多个一维数组来处理。因此数组 a 可分解为三个一维数组,即 a[0],a[1],a[2]。每一个一维数组又含有四个元素。例如 a[0]数组,含有 a[0][0],a[0][1],a[0][2],a[0][3]四个元素(如图 7-9 所示)。

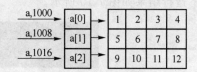

图 7-9　二维数组分解为
多个一维数组

数组及数组元素的地址表示如下:a 是二维数组名,也是二维数组 0 行的首地址,设为 1000。a[0]是第 0 行元素的数组名和首地址,因此也为 1000。*(a+0)或 *a 是与 a[0]等效的,它都表示第 0 行元素的首地址。&a[0][0]是二维数组 a 的 0 行 0 列元素首地址,同样也是 1000。因此,a、a[0]、*(a+0)、*a、&a[0][0]是相等的。同理,a+1、a[1]、*(a+1)、&a[1][0]是第 1 行元素的首地址,等于 1008。由此可得出:a+i,a[i],*(a+i),&a[i][0]是相等的。此外,&a[i]和 a[i]也是相等的。在二维数组中不能把 &a[i]理解为元素 a[i]的地址(不存在元素 a[i])。

另外,a[0]也可以看成是 a[0]+0 是一维数组 a[0]的 0 号元素的首地址,而 a[0]+1 则是 a[0]的 1 号元素首地址,依此可推出 a[i]+j 则是一维数组 a[i]的 j 号元素首地址,它等于 &a[i][j]。由 a[i]＝*(a+i)得 *(a+i)+j 是二维数组 a 的 i 行 j 列元素的首地址。由此可得出二维数组元素 a[i][j]的地址为 &a[i][j]、a[i]+j 或 *(a+i)+j,而 a[i][j]等价于 *(a[i]+j)和 *(*(a+i)+j)。

由此可推广到多维数组,因为 C 语言可以从一维的角度来解释多维数组。如二维数组可以解释为以一维数组为元素的一维数组。

了解了多维数组的地址以后,可以通过指针变量读取多维数组的元素,其方法有以下两种。

1. 指向数组元素的指针变量

定义指针变量的方法与简单变量一样,每次使指针值加 1,表示使 p 指向下一个元素。

实例 7-5 输出 a 数组的 12 个元素。

```cpp
#include <iostream.h>
int main( )
{
    int *p,a[3][4] = {{1,2,3,4},{5,6,7,8},{9,8,7,6}};
    int  i;
    for(p = a[0];p < a[0] + 12;p++)     /*p 只能简单地相对移动一个元素的位置 */
    {
        if((p - a[0]) % 4 = =0)                /* 每输出四个元素加一个回车键*/
            cout << endl;
        cout << *p <<"  ";
    }
    cout << endl;
    return 0;
}
```

运行结果如图 7-10 所示。

```
1  2   3   4
5  6   7   8
9  8   7   6
```

图 7-10   实例 7-5 运行结果

2. 指向由 m 个元素组成的一维数组的指针变量

以二维数组为例,把二维数组 a 分解为一维数组 a[0],a[1],a[2]之后,设 p 为指向二维数组的指针变量。可定义为:int (*p)[4],它表示 p 是一个指针变量,它指向二维数组 a 或指向第一个一维数组 a[0],其值等于 a、a[0]、&a[0][0]等。而 p+i 则指向一维数组a[i]。从前面的分析可得出 *(p+i)+j 是二维数组 i 行 j 列的元素的地址,而 *(*(p+i)+j)则是 i 行 j 列元素的值。

二维数组指针变量定义的一般形式为:

类型说明符 (* 指针变量名)[长度]

其中"类型说明符"为所指数组的数据类型。" * "表示其后的变量是指针类型。"长度"表示二维数组分解为多个一维数组时,一维数组的长度,也就是二维数组的列数。

注意,"(* 指针变量名)"两边的括号不可少,如缺少括号则表示是指针数组(本书不讲),意义就完全不同了。

实例 7-6 输出二维数组的全部元素。

```cpp
#include <iostream.h>
int main( )
{
    int a[3][4] = { 1,2,3,4,5,6,7,8,9,8,7,6};
    int(*p)[4];/*p 是一个指针变量,指向一个包含四个整型元素的一维数组 */
    int i,j;
    p = a;
```

```
for(i = 0;i < 3;i++)
{
    for(j = 0;j < 4;j++)
        cout << *(*(p + i) + j)<<"   ";
    cout << endl;
}
return 0;
}
```

运行结果如图 7-11 所示。

```
1 2 3 4
5 6 7 8
9 8 7 6
```

图 7-11　实例 7-6 运行结果

由于"[ ]"的优先级高于"*",故这里的 int (*p)[4];不能写成 int *p[4];。p 只能指向包含四个元素的一维数组,不能指向某一维数组中的元素。p+1 表示依次移动四个整型数据的长度。

7.3.4　字符串指针

由于字符串是存放在字符数组中的。因此处理字符串时,可以定义一个字符数组,也可以定义一个字符指针,通过指针来访问所需要的字符。

1. 字符串的表示形式

下面通过两个例子来说明字符数组和字符串指针变量处理字符串的差异。

实例 7-7　定义一个字符数组,用初始化的方式存放一个字符串,然后输出该串。

```
#include <iostream.h>
int main()
{
    char str[] = "hello!";
    cout << str << endl;
    return 0;
}
```

运行结果如图 7-12 所示。

```
hello!
```

图 7-12　实例 7-7 运行结果

系统编译时为数组分配固定长度的存储单元,并有确定的地址,str 是数组名,它代表字符数组的首地址(即地址常量),是不可以修改的,在存储区中有 6 个有效字符和一个字符串结束标志符,即 str [0], str [1],…, str [5], str [6],如图 7-13 所示。

H	str[0]
e	str[1]
l	str[2]
l	str[3]
o	str[4]
!	str[5]
\0	str[6]

图 7-13　数组的存储区

实例 7-8　定义一个字符串指针变量,用初始化的方式处理一个字符串,然后输出该串。

157

```
#include <iostream.h>
int main( )
{
    char *string = "Hello! ";
    cout << string << endl; /* 以串的形式输出 */
    return 0;
}
```

运行结果如图 7-14 所示。

```
Hello!
```

图 7-14 实例 7-8 运行结果

系统编译时,先为指针变量 string 分配 2 个字节的空间。虽然没有定义数组,但 C 语言对字符串常量是按字符数组来处理的,在内存中开辟一块连续的空间来存放字符串,并以'\0'结束,它有一个起始地址,然后把字符串的首地址赋给指针变量 string。其指针变量 string 的值是可以修改的(如图 7-15 所示)。

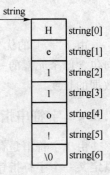

图 7-15 字符串存储分配

通过以上两个例子,我们可以得出以下一些结论。

(1) 字符数组由若干个字符和'\0'组成,字符数组名代表字符数组(字符串)的起始地址,是一个常数,在程序中是不能改变的;但字符指针变量只存放一个地址,即串的起始地址,值是可以改变的。如未赋值时不指向任何字符串,也不代表它是字符串变量。字符指针变量不能存放字符串本身。

(2) 存储的实质不同

定义字符数组后,系统会为此数组分配一片连续的存储单元以存储字符串,即使数组未初始化,数组的空间也已被预留出来;而定义字符型指针变量后,系统只是为指针变量分配存储单元,若未初始化,则不开辟一片存储单元来存放字符串。

(3) 赋值方式不同

对字符数组只能在初始化时进行整体赋值(如实例 7-7),不能在赋值语句中这样处理,如下面的赋值方式是错误的:

```
int str[10];
str[] = "hello!";        /* 错误的赋值方式 */
```

对字符指针变量不仅能在初始化位置可以整体赋值(如实例 7-8),也可以在赋值语句中这样处理,如下面的赋值方式是正确的:

```
int *string;
string = "hello!";
```

(4) 通过字符数组名或字符指针变量可以输出字符串。而对一个数值型数组,是不能通过数组名输出全部元素的。如

```
int  a[5] = {1,2,3,4,5};
cout << a;   /* 输出的是数组的首地址,而不是 12345 */
```

2. 字符串中字符存取的方法

对字符串中字符的存取可以采用下标法,通过下标的变化存取字符串中不同的字符;也可以采用指针法,通过指针变量来指向字符串中不同的字符。

实例 7-9 将字符串 a 复制到字符串 b 中。

```
#include<iostream.h>
int main( )
{
    char a[ ] = "I am a boy. ",b[20], *p1, *p2;
    int i;
    p1 = a;p2 = b;
    for(i = 0;a[i]! = '\0';i++)
        b[i] = a[i];
    b[i] = '\0';
    cout <<"字符串 b 为:"<< p1 << endl;
    cout <<"字符串 b 为:";
    for(p2 = b; *p2! = '\0';p2 ++)
        cout << *p2;
    cout << endl;
    return 0; }
```

运行结果如图 7-16 所示。

```
字符串b为:I am a boy.
字符串b为:I am a boy.
```

图 7-16 实例 7-9 运行结果

7.3.5 指针数组

前面介绍了指向不同类型变量的指针变量的定义和使用,我们可以让指针指向某类变量,并替代该变量在程序中使用;我们也可以让指针指向一维、二维数组或字符数组,来替代这些数组在程序中使用。

下面我们定义一种特殊的数组,这类数组存放的全部是指针,用于指向某类型变量,以替代这些变量在程序中的使用,增加灵活性。指针数组定义形式:

类型标识 *数组名[数组长度]

例如:

char *str[4];

由于[ ]比 * 优先级高,所以首先是数组形式 str[4],然后才是与" * "的结合。这样一来指针数组包含 4 个指针 str[0]、str[1]、str[2]、str[3],各自可以指向字符类型的变量。

例如:

int *ptr[5];

该指针数组包含 5 个指针 ptr[0]、ptr[1]、ptr[2]、ptr[3]、ptr[4],各自可以指向整型的

变量。

实例 7-10　针对指针数组的应用,我们分别用指针数组的各指针指向字符串数组、指向一维整型数组。

```cpp
#include <iostream.h>
int main( )
{
    char *ptr1[4] = {"china","chengdu","sichuang","chongqin"};
                    /* 指针数组 ptr1 的 4 个指针分别依次指向 4 个字符串 */
    int i, *ptr2[3],a[3] = {1,2,3},b[3][2] = {1,2,3,4,5,6};
    for(i = 0;i < 4;i++)
        cout << ptr1[i]<< endl;
                        /* 依次输出 ptr1 数组 4 个指针指向的 4 个字符串 */
    for(i = 0;i < 3;i++)
        ptr2[i] = &a[i];
                        /* 将整型一维数组 a 的 3 个元素的地址传递给指针数组 ptr2 */
    for(i = 0;i < 3;i++)/* 依次输出 ptr2 所指向的 3 个整型变量的值 */
        cout << *ptr2[i]<<"  ";
    cout << endl;
    for(i = 0;i < 3;i++)
        ptr2[i] = b[i];/* 传递二维数组 b 的每行首地址给指针数组的 4 个指针 */
    for(i = 0;i < 3;i++)/* 按行输出 */
        cout << *ptr2[i]<<"   "<< *ptr2[i]+1 << endl;
    return 0;
}
```

运行结果如图 7-17 所示。

图 7-17　实例 7-10 运行结果

程序中指针数组与所指对象的关系如图 7-18 所示。

ptr1 指针数组中的 4 个指针分别指向 4 个字符串,如图 7-18(a)所示,程序中依次输出;ptr2 指针数组共有 3 个指针,若将整型一维数组 a 中各元素地址分别传递给指针数组的各指针,则 ptr2[0]就指向 a[0];ptr2[1]就指向 a[1];ptr2[2]就指向 a[2]。若将二维数组各行的首地址分别传递给指针数组的各指针,如图 7-17(b)所示,这样一来,ptr2[0]就指向了 b 数组的第 0 行,该行有两个元素,其地址为 ptr2[0]与 ptr2[0]+1;相应指针数组第 i 个元素 ptr2[i]指向的 b 数组的第 i 行两个元素地址分别为 ptr2[i]与 ptr[i]+1。

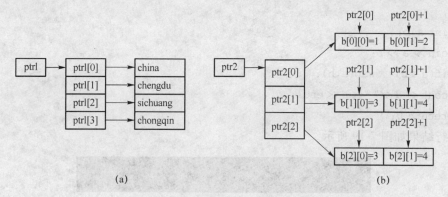

图 7-18 指针数组的指针指向字符串

在处理二维字符数组时,我们可以把二维字符数组看成是由多个一维字符数组构成,也就是说看成是多个字符串构成的二维字符数组,或称为字符串数组。指针数组对于解决这类问题(当然也可以解决其他问题)提供了更加灵活方便的操作。有一点需要说明,若定义一个指针数组后,指针数组各元素的取值(即地址)要注意安全性。

如定义指针数组:

char *ptr[3];

我们说该数组包含三个指针,但指针的指向是不确定的,指针现在可能指向内存的任一地址。假定现在作语句:cin << ptr[i],则输入的字符串在内存的存放地址由 ptr[i] 决定,输入的串有可能将 ptr[i] 之后的内存单元中的内容覆盖,导致错误。

7.4 指针与函数

7.4.1 指针作为函数参数

函数的参数不仅可以是整型、实型、字符型等数据,还可以是指针类型。它的作用是将一个变量的地址传送到另一个函数中。下面通过例题来说明指针作为函数参数和简单变量作为函数参数的不同。

实例 7-11 分别用不同的函数参数来实现实例 7-1 的功能。

方法一:用简单变量作为函数参数。

```
# include <iostream.h>
void swap(int p1, int p2)
{
  int p;
  p = p1;
  p1 = p2;
  p2 = p;
}
int main( )
```

```
{
    int a,b;
    cin >> a >> b;
    if(a < b)  swap(a,b);
    cout << a <<" "<< b << endl;
    return 0; }
```

运行结果如图 7-19 所示。

```
5 8
5 8
```

图 7-19　实例 7-11 运行结果

简单变量作为函数参数在第 6 章讲解过,形实参之间为值传递方式。被调函数无法实现 main 函数中变量的交换。

方法二:通过指针变量作为函数参数(如实例 7-1)。

注意在 swap 函数中的 p 变量为简单变量,这样才能进行相应的赋值操作。同时不能企图通过改变指针形参的值而使指针实参的值发生变化,如果把 swap 函数改为如下方式就实现不了 a、b 交换,这进一步说明指针变量作为函数参数是值传递方式。

```
swap(int *p1,int *p2)
{
    int *p;
    p = p1;
    p1 = p2;
    p2 = p;
}
```

方法三:数组名和数组指针作为函数参数。

在第 6 章中曾经介绍过用数组名作函数的实参和形参的问题。在学习指针变量之后就更容易理解这个问题了。数组名就是数组的首地址,实参向形参传送数组名实际上就是传送数组的地址,形参得到该地址后也指向同一数组。这就好像同一件物品有两个彼此不同的名称一样。同样,数组指针变量可以存放数组的首地址,当然也可作为函数的参数使用。

归纳起来,数组名作为函数参数时,形参和实参的对应关系如表 7-1 所示。

实例 7-12　从键盘输入五门课的成绩,并求出平均成绩。

```
#include <iostream.h>
float average(float *p,int n)
{
    int  i ;
    float  ave,s = 0;
    for(i = 0;i < 5;i++)
      s = s + *p++;
    ave = s/n ;
```

```
    return ave;
}
int main( )
{
    float score[5],avg, *ps;
    int i;
    ps = score;
    cout <<" input 5 scores:";
    for(i = 0;i < 5;i++)
        cin >> score[i];
    avg = average(ps,5);
    cout <<" average score is:"<< avg << endl;
    return 0;
}
```

表 7-1 数组名作函数参数形参和实参的对应关系

	形　参		实　参

数组名	fun(int x[],int n)
	 {...}
		数组名	main( )
			 {int a[10];
			 ...
			 fun(a,10);
			 ...
			 }

数组名	fun(int x[],int n)
	 {...}
		指针变量	main( )
			 {int a[10], *p=a;
			 ...
			 fun(p,10);
			 ...
			 }

指针变量	fun(int *x,int n)
	 {...}
		数组名	main( )
			 {int a[10];
			 ...
			 fun(a,10);
			 ...
			 }

指针变量	fun(int *x,int n)
	 {...}
		指针变量	main( )
			 {int a[10], *p=a;
			 ...
			 fun(p,10);
			 ...
			 }

运行结果如图 7-20 所示。

```
input 5 scores:67 95 89 92 78
average score is:84.2
```

图 7-20 实例 7-12 运行结果

7.4.2 指针型函数

前面我们介绍过,所谓函数类型是指函数返回值的类型。在 C 语言中允许一个函数的返回值是整型、实型、字符型等类型,也可以是一个指针类型的数据,即地址。这种返回指针值的函数称为指针型函数。

指针型函数的定义形式:

类型说明符 * 函数名(形参表)

{ ...   /* 函数体 */

}

其中函数名之前加了" * "号表明这是一个指针型函数,即返回值是一个指针。类型说明符表示了返回的指针值所指向的数据类型。例如:

int *p(int x, int y)

{...}

表示 p 是一个返回指针值的指针型函数,它返回的指针指向一个整型变量。

实例 7-13 通过指针函数输入一个 1~7 之间的整数,输出对应的星期名。

```cpp
#include <iostream.h>
char *day_name( char name[][20], int n)
{
    if(n<1||n>7) return(name[0]);
    else return(name[n]);
}
int main( )
{
    int i;
    char name[][20] = {"erro day","Mon","Tue","Wed","Thu","Fri","Sat","Sun"};
    char *str;
    cout <<" input Day No:";
    cin >> i;
    str = day_name(name,i);
    cout <<" Day No:"<<i <<"-->"<< str << endl;
    return 0;
}
```

运行结果如图 7-21 所示。

```
input Day No:3
Day No:3-->Wed
```

图 7-21 实例 7-13 运行结果

在 day_name 函数中定义了一个二维数组 name,初始化赋值为 8 个字符串,分别表示各个星期名及出错提示,形参 n 表示与星期名所对应的整数。若 n<1 或 n>7 返回值为二维数组 name 中第 0 行字符串的首地址 name[0](即错误日期),否则返回值为二维数组 name 中第 n 行字符串的首地址 name[n](即星期 n 的字符串首地址)。在主函数中,把输入的整数 i 作为实参,str 为指向字符串的指针变量,接收函数的返回地址。

应该特别注意的是函数指针变量和指针型函数这两者在写法和意义上的区别。如 int(*p)() 和 int *p() 是两个完全不同的量。int(*p)() 是一个变量说明,说明 p 是一个指向函数入口的指针变量,该函数的返回值是整型量,(*p)的两边的括号不能少(这里不讲)。int *p()则不是变量说明而是函数说明,说明 p 是一个指针型函数,其返回值是一个指向整型量的指针,*p 两边没有括号。作为函数说明,在括号内最好写入形式参数,这样便于与变量说明区别。

7.4.3　指向函数的指针

指针变量可以指向整型变量、字符串、数组等,也可以指向函数。函数在编译时被分配一个入口地址。这个入口地址就称为函数指针。可以用一个指针变量指向函数,然后通过该指针变量调用此函数。

实例 7-14　通过指向函数的指针调用函数。

```
# include <iostream.h>
int max(int x,int y)
{
    int z;
    if(x > y) z = x;
    else   z = y;
    return(z);
}
int main( )
{
    int max(int,int);
    int ( *p)(int,int);
    int a,b,c;
    p = max;
    cout <<"Enter two integers:";
    cin >> a >> b;
    c = ( *p)(a,b);
    cout <<"a = "<< a <<" b = "<< b <<" max = "<< c << endl;
    return 0;
}
```

运行结果如图 7-22 所示。

```
Enter two integers:5 8
a=5 b=8 max=8
```

图 7-22   实例 7-14 运行结果

main 函数中的 c＝max(a,b);调用了 max 函数。每一个函数都占用一段内存单元。因此,可以用一个指针变量指向一个函数,通过指针变量来访问它指向的函数。

第 7 行 int（＊p）（int,int）;用来定义 p 是一个指向函数的指针变量,所指函数有两个整型参数,函数返回值为整型。注意 ＊p 两侧的括号不可省略,表示 p 先与 ＊ 结合,是指针变量,然后再与后面的（）结合,表示此指针变量指向函数,这个函数值（即函数的返回值）是整型的。如果写成 int ＊p(int,int ），由于（）的优先级高于 ＊,它就成了声明一个函数 p(这个函数的返回值是指向整形变量的指针)。

赋值语句 p＝max ;作用是将函数 max 的入口地址赋给指针变量 p,和数组名代表数组首元素地址类似,函数名代表该函数的入口地址。这时 p 就是指向函数 max 的指针变量,此时 p 和 max 都指向函数开头,调用 ＊p 就是调用 max 函数。但是 p 作为指向函数的指针变量,它只能指向函数入口处而不可能指向函数中间的某一处指令处,因此不能用 ＊(p＋1)来表示指向下一条指令。

注意:

（1）指向函数的指针变量的一般定义形式为:

数据类型（＊指针变量名）(函数参数列表)

这里数据类型就是函数返回值的类型。

（2）int（＊p）(int,int);只是定义一个指向函数的指针变量 p,它不是固定指向哪一个函数的,而只是表示定义这样一个类型的变量,它是专门用来存放函数的入口地址的。在程序中把哪一个函数(该函数的值应该是整型的,且有两个整型参数)的地址赋给它,它就指向哪一个函数。在一个函数中,一个函数指针变量可以先后指向同类型的不同函数。

（3）p＝max;在给函数指针变量赋值时,只需给出函数名而不必给出函数参数,因为是将函数的入口地址赋给 p,而不涉及实参和形参的结合问题,不能写成 p＝max(a,b);

（4）c＝（＊p）(a,b);在函数调用时,只需用（＊p）代替函数名即可,后面实参依旧。

（5）对于指向函数的指针变量,像 p＋＋、p＋n 等是无意义的。

7.5   指向指针的指针

一个指针变量可以指向整型变量、实型变量、字符型变量,当然也可以指向指针类型的变量。当这种指针变量用于指向指针类型的变量时,我们称之为指向指针的指针变量,有时人们也称为二级指针变量。其定义格式为:

类型标识符 ＊＊指针变量名

下面通过几个例子来说明。

实例 7-15   通过二级指针变量来访问某一变量。

♯include＜iostream.h＞

```
int main( )
{
  int **p1,*p2,i = 3;
  p2 = &i;          /* 使 p2 指向 i */
  p1 = &p2;         /* 使 p1 指向 p2 */
  cout <<" i = "<< i << endl;
  cout <<" i = "<< *p2 << endl;
  cout <<" i = "<< **p1 << endl;
  return 0;
}
```

运行结果如图 7-23 所示。

```
i=3
i=3
i=3
```

图 7-23 实例 7-15 运行结果

本程序定义一个指向指针的指针变量 p1、一个指针变量 p2、一个整型变量 i。变量 i 取值为 3,p2 取值为 &i(即 p2 指向变量 i),*p 为间接访问变量 i;p1 取值为 &p2(即 p1 指向变量 p2),*p1 为间接访问变量 p2,**p1 为间接访问变量 i。

实例 7-16 通过指向指针的指针变量来访问一维数组。

```
#include < iostream.h >
int main( )
{
  int a[5] = {1,2,3,4,5},i, *p1, **p2;
  p1 = a;p2 = &p1;
  for(i = 0;i < 5;i ++)
    cout << *(p1 + i)<<"   ";
  cout << endl;
  for(i = 0;i < 5;i ++)
    cout << *(*p2 + i)<<"   ";
  /*   *p2 的值是 p1 的值,也就是数组 a 的首地址   */
  cout << endl;
  return 0;
}
```

运行结果如图 7-24 所示。

```
1  2  3  4  5
1  2  3  4  5
```

图 7-24 实例 7-16 运行结果

在本章的开头就提到间接访问方式,利用指针访问另一个变量就是间接访问。如果在一个指针变量中存放另一个普通变量的地址,这就是"一级访问"。相对应的指向指针的指针变量就是"二级访问",依此类推,我们还可以定义多级指针变量。实际上,人们很少定义超过二级的指针变量,因为级数越多,越难理解,而且越容易产生混乱,出错的概率越大。

思考和练习题

一、选择题

1. 下列语句定义 x 为指向 int 类型变量 a 的指针,正确的是(　　)。

A. int a, *x＝a

B. int a, *x＝&a

C. int *x＝&a,a

D. int a,x＝a;

2. 以下选项中,对基本类型相同的指针变量不能进行运算的运算符是(　　)。

A. ＋　　　　　　　B. －　　　　　　　C. ＝　　　　　　　D. ＝＝

3. 若有以下定义"int a[10], *p＝a;",则值为 a[6]的表达式是(　　)。

A. *p+6　　　　　B. *(p+6)　　　　　C. *p+＝5　　　　　D. p+5

4. 设有定义"int a[10]＝{1,2,3,4,5,6,7,8,9,10}, *p＝&a[3],b;",则执行"b＝p[4];"语句后变量 b 的值为(　　)。

A. 5　　　　　　　B. 6　　　　　　　C. 8　　　　　　　D. 9

5. 下列叙述中错误的是(　　)。

A. 改变函数形参的值,不会改变对应实参的值

B. 函数可以返回地址值

C. 可以给指针变量赋一个整数作为地址值

D. 当在程序的开头包含文件 stdio. h 时,可以给指针变量赋 NULL

6. 下列程序的输出结果是(　　)。

```
#include<iostream.h>
int main( )
{
    int a[10]={0,1,2,3,4,5,6,7,8,9}, *p=a+3;
    cout<<*++p;
    ruturn 0;
}
```

A. 3　　　　　　　B. 4　　　　　　　C. a[4]的地址　　　　D. 非法

7. 下列程序的输出结果是(　　)。

```
void f(int *p)
{
    int i=0;
    for(;i<5;i++)
    (*p)++;
}
```

```
#include <iostream.h>
int main( )
{
  int a[5]={1,2,3,4,5},i;
  f(a);
  for(i=0;i<5;i++)
  cout << a[i]<<" ";
  ruturn 0;
}
```

A. 2 2 3 4 5 B. 6 2 3 4 5 C. 1 2 3 4 5 D. 2 3 4 5 6

8. 下面程序输出数组中的最大值由 s 指针指向该元素,则横线处的条件应该是
(　　)。

```
#include <iostream.h>
int main( )
{
  int a[10]={9,1,2,10,4,5,6,7,8,3}, *p, *s;
  for(p=a,s=a;p-a<10;p++)
    if(_____)s=p;
    cout << *s;
  ruturn 0;
}
```

A. p>s B. *p>*s C. a[p]>a[s] D. p-a>p-s

二、填空题

1. 在 C 程序中,一个数组的名字实际上是指向该数组_____元素的指针,并且在任何时候都不允许_____。

2. 运行以下程序后,a 的值为_____,b 的值为_____。

```
#include <iostream.h>
int main( )
{
  int a,b,k=4,m=6, *p1=&k; *p2=&m;
  a=p1=&m;
  b= *(p1)/( *p2)+7;
  cout <<" a = "<< a << endl;
  cout <<" b = "<< b << endl;
  ruturn 0;
}
```

3. 下列程序的运行结果是_____。

```
int x,y,z;
void p(int *x,int y)
```

```
{
  -- *x;
  y++;
  z = *x + y;
}
#include < iostream. h>
int main( )
{
  x = 5;y = 2;z = 0;
  p(&x,y);
  cout << x <<","<< y <<","<< z <<"#";
  p(&y,x);
  cout << x <<","<< y <<","<< z;
  return 0;
}
```

三、程序设计题(要求用指针方法完成下列各题)

1. 输入 10 个整数,将其中最小的数与第一个数对换,把最大的数与最后一个数对换。写 3 个函数:(1)输入 10 个数;(2)进行处理;(3)输出 10 个数。

2. 有 n 个整数,使前面各数顺序向后移 m 个位置,移出的数再从头移入。编写一个函数实现以上功能,在主函数中输入 n 个整数并输出调整后的 n 个数。

3. 输入一个字符串,将该字符串中第 m 个字符开始的全部字符复制成另一个字符串。m 由用户输入,值小于字符串的长度。要求编写一个函数 mcopy(char *s,char *t,int m) 来完成。

4. 编程判断输入的一串字符是否为回文。所谓"回文"是指顺读和倒读都一样的字符串,如"XYZYZ"和"45654"都是。

5. 输入一行文字,统计其中的大写字母、小写字母、空格、数字以及其他字符各有多少。

第8章
结构体与链表

本章导读

在前面章节里所使用的数据(整型、实型、字符型)是 C 预先定义的基本数据类型,也介绍了一种构造数据类型——数组,数组中的各元素是属于同一个类型的。

但是有些时候,仅用这些基本数据很难描述清楚客观世界。例如,一个学生的学号、姓名、性别、年龄、成绩、家庭地址等项。这些项都与某一学生相联系。现在如果实际需要这些数据,那么我们就得将这些数据分别定义为互相独立的简单变量,但这样做就难以反映它们之间的内在联系了。所以考虑到实际情况,我们应当把它们组织成一个组合项,在一个组合项中包含若干个类型不同(当然也可以相同)的数据项。C 语言允许我们自己声明数据类型,来更好地描述客观世界。

通过本章的学习,学生应该掌握结构体数据类型的声明和应用,了解链表的简单操作。

本章要点

➢ 了解结构体的概念。
➢ 掌握结构体的定义和使用。
➢ 理解结构体与数组、指针、函数的关系。
➢ 了解链表的简单操作。

8.1 设计一个简单的程序

8.1.1 实例解析

通过编写简单的实例来熟悉结构体的使用。

实例 8-1 编写一个学生成绩结构体,输出要求的值。

具体要求:有 10 个学生,每个学生的数据包括学号、姓名、三门课的成绩。从键盘输入 10 个学生的数据,要求打印出三门课的总平均成绩,以及最高分的学生的数据(包括学号、姓名、三门课成绩、平均分数)。

```
#include<iostream.h>
```

```
    struct student
    {
      char num[6];
      char name[8];
      int score[3];
      float avr;
    } stu[10];

    int main(   )
    {
      int i,j,max,maxi,sum;
      float average;
      for(i = 0;i < 10;i ++ )                    /* 输入 */
      {
        cout << endl;
        cout <<"请输入 "<< i + 1 << "个学生的信息:"<< endl;
        cout <<"学号:";
        cin >> stu[i].num;
        cout <<"姓名:";
        cin >> stu[i].name;
        for(j = 0;j < 3;j ++ )
        {
          cout <<"成绩"<< j + 1 <<":";
          cin >> stu[i].score[j];
        }
      }
      average = 0;
      max = 0;maxi = 0;
      for(i = 0;i < 10;i ++ )
      {
        sum = 0;
        for (j = 0;j < 3;j ++ )
          sum + = stu[i].score[j];
        stu[i].avr = sum/3.0;
        average + = stu[i].avr;
        if(sum > max)
        {
          max = sum;
          maxi = i;
```

```
        }
    }
    average/ = 10;
    /* 打印*/
    cout <<"学号　姓名　成绩1　成绩2　成绩3　平均分"<< endl;
    for(i = 0;i < 10;i ++ )
    {
        cout << stu[i].num << stu[i].name;
        for(j = 0;j < 3;j ++ )
        cout << stu[i].score[j];
        cout << stu[i].avr;
    }
    cout <<"平均成绩是:"<< average << endl;
    cout <<"最好成绩是学生"<< stu[maxi].name <<",总分是"<< sum << endl;
}
```

变量 max 表示当前最好总成绩,maxi 表示当前最好成绩所对应的下标序号,sum 表示第 i 个学生的总成绩。

8.1.2　结构体的概念

在程序开发过程中,经常遇到要处理的对象用 C 语言预先定义的基本数据类型不能全面描述的情况。例如学生信息管理系统里,需要描述一个学生的基本信息,包括学号、姓名、性别、年龄、入学成绩等信息。这些基本信息分开来都可以用 C 提供的基本数据类型来描述,如年龄用整型,入学成绩用实型,其他用字符型,如图 8-1 所示。

num	name	sex	age	score
10010	Li Fang	M	18	87.5

图 8-1　描述一个学生需用多个不同基本数据类型

但是 C 并没有提供一种数据类型来完整的描述学生的这些基本信息。

为了解决这个问题,C 语言允许用户自己建立这样一种数据结构,它称为"结构体",相当于其他高级语言中的"记录"。

假设程序中要用到图 8-1 所表示的数据结构,用户必须要在程序中声明所需的结构体类型。

```
struct student
{
    char num[10];
    char name[20] ;
    char sex;
    int age;
    float score;
};
```

上面由程序设计者声明了一个新的结构体类型 struct student。struct 是声明结构体类型时所必须使用的关键字，不能省略，它向编译系统声明这是一个"结构体类型"。struct student 包括 num、name、sex、score 等不同类型的数据项。应当说明 struct student 是一个类型名，它和系统提供的标准类型(如 int、char、float、double 等)具有同样的作用，都可以用来定义变量，只不过结构体类型需要由用户自己声明而已。

8.2 结 构 体

8.2.1 结构体类型的声明

声明一个结构体类型的一般形式为：

struct 结构体名

〔成员表列〕；

上节的结构体声明中，struct 用来指明此类型为结构体类型，student 是结构体名，花括号内是该结构体中的各个成员，对各成员都应进行类型声明，书写形式为：

类型说明符　成员名；

成员的声明方法与普通变量的声明方法一样，要求每个成员的类型必须已经存在且成员名的命名应符合标识符的命名规则。

应注意在结构体类型声明的括号后的分号是不可少的。

在 struct student 这个结构体类型的声明中，结构体类型名为 student，该结构体由 5 个成员组成。第一个成员为 num(字符数组)；第二个成员为 name(字符数组)；第三个成员为 sex(字符变量)；第四个成员为 age(整型变量)；第五个成员为 score(实型变量)。在结构体类型声明之后，即可进行变量定义。

需要说明的是，结构体类型的声明只是对这种结构体组成的说明，系统不为其分配内存空间。

8.2.2 结构体变量的定义

结构体类型声明之后，就可以定义这种结构体类型的变量。定义结构体变量有以下三种方法。

(1)先声明结构，再定义结构变量。

如上面已经声明了 struct student 类型，就可以定义这种类型的变量。如：struct student boy1,boy2;

说明：两个变量 boy1 和 boy2 为 struct student 结构体类型。这种方法的特点是可多次定义这种结构体类型的变量。

(2)在声明结构类型的同时定义结构变量。

例如：

struct student

```
{
    char num[10];
    char name[20] ;
    char sex;
    int age;
    float score;
}boy1,boy2;
```

当在构造结构体类型时,就想到要定义此类型相对应的变量时,采用这种方式定义。以上两种方式一般互相配合使用。

(3) 直接说明结构变量。

例如:

```
struct
{
    char num[10];
    char name[20] ;
    char sex;
    int age;
    float score;
}boy1,boy2;
```

这种方法与前两种方法的区别是省去了结构体类型名中的标识符 student,而直接给出结构体变量。这种方法的特点是只能在定义类型时一并定义变量,以后就不能再定义了,故有时也称为一次性定义。

以上三种方法中都定义了变量 boy1 和 boy2,它们具有 struct student 类型的结构,如图 8-2 所示。

| 10010 | Li fang | M | 20 | 87.5 | boy1: |
| 10011 | wang feng | M | 20 | 87.5 | boy2: |

图 8-2 boy1 和 boy2 具有相同的结构

关于结构体类型变量有以下几点说明。

① 在定义了结构体变量后,系统会为结构体变量分配相应的内存空间,其空间大小等于各成员所占内存空间之和。如上例中的变量 boy1 和 boy2 在内存中各占 37 个字节(10+20+1+2+4=37)。

②对结构体变量可以进行相应的赋值、存取和运算等。结构体中的成员名可与程序中其他变量同名,但二者代表不同的对象,互不干扰。对结构体中的成员也可以单独引用,其引用方法在下一节讲解,它的作用相当于普通变量。

③结构体的成员也可以是另一个已经定义的结构体类型的变量。例如:

struct date

```
    {
        int month;
        int day;
        int year;
    };
    struct student
    {
        char num[10];
        char name[20];
        char sex;
        int  age;
        struct date birthday;      /* 结构体类型的成员 */
        float score;
    }student1,student2;
```

首先声明一个结构体类型 struct date,由 month(月)、day(日)、year(年)三个成员组成。在声明 struct student 时,其中的成员 birthday 是已声明的另一个结构体类型 struct data 类型的变量。

8.2.3　结构体变量的引用

在定义了结构体变量以后,就可以对结构体变量进行引用。一般对结构体变量的引用包括赋值、输入、输出、运算等。对于结构体变量的引用一般通过引用其成员实现。

引用结构体变量中成员的形式为:

结构体变量名. 成员名

其中的“.”是取成员(或取分量)运算符,它在所有的运算符中优先级最高。

在引用过程中有以下几点要求。

(1) 结构体变量能够整体赋值,但不能将一个结构体变量作为一个整体进行输入和输出,只能将结构体变量中的各个成员分别输出。如 cout << boy1;是错误的写法。应该写为:

cout << boy1. num << boy1. name << boy1. sex << boy1. age << boy1. score;

(2) 如果成员本身又属于一个结构体类型,则要用若干个成员运算符,一级一级地找到最低一级的成员,也就是只能引用其最低级成员。如 student1. birthday. month=7;而不能用 student1. birthday 来访问 student1 变量中的成员 birthday(结构体变量)。

(3) 对成员变量可以像普通变量一样进行各种运算(根据其类型决定可以进行的运算),如 boy1. age=boy1. age+1; boy1. score=boy2. score;。

实例 8-2　给结构体变量赋值并输出其值。

```
#include <iostream. h>
#include <string. h>
struct student
{ char num[10];
  char name[20];
```

```
    char sex;
    int    age;
    float score;
}boy1,boy2;
int main( )
{
    strcpy(boy1.num, "10010 ");
    strcpy(boy1.name,"Li fang ");
    boy1.sex = 'M';
    cout <<" input age and score:";
    cin >> boy1.age >> boy1.score;
    boy2 = boy1;
    cout <<" Number:"<< boy2.num <<",Name:"<< boy2.name
<<",Sex:"<< boy2.sex;
    cout <<",Age:"<< boy2.age <<",Score:" << boy2.score;
    return 0;
}
```

运行结果如图 8-3 所示。

```
input age and score:19 590
Number:10010,Name:Li fang,Sex:M,Age:19,Score:590
```

图 8-3 实例 8-2 运行结果

本程序表示了结构体变量的赋值、输入和输出的方法。由于结构体类型一般是为本文件的其他函数服务的,一般定义在所有函数之外。本程序中用复制函数给 num 和 name 两个成员赋值。通过赋值运算符给 sex 成员赋值。用 cin 输入 age 和 score 成员值,然后把 boy1 的所有成员的值整体赋予 boy2。最后分别输出 boy2 的各个成员值。

8.2.4 结构体变量的初始化

和其他变量一样,结构体变量也可以进行初始化赋值。但由于结构体变量由不同类型的数据成员组成,所以其初始化就相对复杂一些。我们用一个例子来说明。

实例 8-3 对结构体变量初始化并输出其值。

```
# include <iostream.h>
# include <string.h>
struct stu
{
    char name[20];
    char sex;
    float score;
}boy = {"Liu wei ",'M',80.00};
```

```
int main( )
{
  cout <<" Name："<< boy.name <<"  Sex："<< boy.sex
      <<"  Score："<< boy.score << endl;
  return 0;
}
```

运行结果如图 8-4 所示。

```
Name: Liu wei  Sex: M  Score: 80
```

图 8-4　实例 8-3 运行结果

8.2.5　结构体数组

1. 结构体数组的定义和引用

一个结构体变量可以包含多个成员，具有相同结构体类型的多个变量就可组成一个结构体数组。在实际应用中，经常用结构体数组来表示具有相同结构体数据的一个群体，如一个班的学生档案、一个车间职工的工资表等。

结构体数组的定义方法和结构体变量定义方法相似，也有三种方法，只不过把结构体变量改为结构体数组。例如：

```
struct stu
{
  char num[10];
  char  name[20];
  char sex;
  float score;
};
  struct stu  boy[3];
```

以上定义了一个结构体数组 boy，共有 3 个元素，boy[0]，boy[1]，boy[2]。每个数组元素都具有 struct stu 的结构。也可以直接定义一个结构体数组，如：

```
struct stu
{char num[10];
  ...
} boy[3];
```

或

```
struct
{char num[10];
  ...
}boy[3];
```

对结构体数组元素的引用与结构体变量引用的方法相似，也必须引用最低级的成员。如：

```
boy[0].num   boy[0].name   boy[0].sex   boy[0].score
boy[1].num   boy[1].name   boy[1].sex   boy[1].score
boy[2].num   boy[2].name   boy[2].sex   boy[2].score
```

2. 结构体数组的初始化

对结构体数组也可以作初始化赋值，例如：

```
struct stu
{
  char name[20];
  char sex;
  float score;
}boy[3] = {{"Li ping ",'M',45}, {"Zhang ping ",'M',62.5},
          {"He fang ",'F',92.5},};
```

其各元素内容如表 8-1 所示。

表 8-1 boy[3]的各元素

	Name	Sex	score
boy[0]	Li Ping	M	45
boy[1]	Zhang ping	M	62.5
boy[2]	He fang	F	92.5

当对全部元素作初始化赋值时，也可不给出数组长度。和定义时类似，结构体数组的初始化也有三种方法。

实例 8-4 计算学生的平均成绩和不及格的人数。

```
# include <iostream.h>
struct stu
{
  char   name[20];
  char sex;
  float score;
}boy[3] = {{"Li ping ",'M',45},{"Zhang ping ",'M',62.5},{"He fang ",'F',92.5}};
int main()
{
  int i,c = 0;
  float ave,s = 0;
  for(i = 0;i < 3;i + +)
  {   s + = boy[i].score;
      if(boy[i].score < 60) c = c + 1;
  }
```

```
        ave = s/3;
        cout <<" average "<< ave <<"    count = "<< c << endl;
        return 0;
}
```

运行结果如图 8-5 所示。

```
average66.6667    count=1
```

图 8-5　实例 8-4 运行结果

本程序中定义了一个结构体数组 boy，共 3 个元素，并作了初始化赋值。在 main 函数中用 for 语句逐个累加各元素的 score 成员值存于 s 之中，如 score 的值小于 60(不及格)计数器 c 加 1，循环完毕后计算平均成绩，并输出全班的平均分和不及格人数。

8.2.6　结构体与指针

指针变量可以指向指定类型的变量，当然也可以指向一个结构体变量，这样的指针变量就叫指向结构体类型的指针变量。该指针变量的值可以存放结构体变量的起始地址，也可以存放结构体数组元素的起始地址。

1. 指向结构体变量的指针变量

结构体指针变量定义的一般形式为：

结构体类型名　　*指针变量名；

在前面的例子中声明了 struct　stu 结构体类型，如要定义一个指向 struct　stu 的指针变量 pstu，可写为：struct stu *pstu；当然也可在声明 struct　stu 结构体类型的同时定义 pstu。

与前面讨论的各类指针变量相同，结构体指针变量也必须要先赋值后才能使用。赋值是把结构变量的首地址赋予该指针变量。有了结构体指针变量，就能更方便地访问结构体变量的各个成员。通过结构体指针变量来访问结构体变量的各个成员的一般形式为：

(*结构体指针变量).成员名

或为：

结构体指针变量　->　成员名

这里的"->"称为指向运算符。

应该注意在(*结构体指针变量).成员名这种方式中，(*结构体指针变量)两侧的括号不可少，因为成员符"."的优先级高于"*"。如去掉括号写作：*结构体指针变量.成员名，则等效于：*(结构体指针变量.成员名)，这样，意义就完全不对了。

下面通过例子来说明结构体指针变量的具体定义和引用方法。

实例 8-5　指向结构体变量的指针的使用。

```
# include <iostream.h>
# include <string.h>
struct stu
{
```

```
    char num[10];
    char name[20];
    char sex;
    int   age;
    float score;
};
int main( )
{
    struct stu   boy = {"10010 ","Li fang ", 'M ', 20,87.50 };
    struct stu *pstu;
    pstu = &boy;
    cout <<" Number："<< boy. num <<",Name："<< boy. name
        <<",Sex："<< boy. sex;
    cout <<",Age："<< boy. age <<",Score："<< boy. score << endl;
    cout <<" Number："<< ( *pstu). num <<",Name："<< ( *pstu). name
        <<",Sex："<<( *pstu). sex;
    cout <<",Age："<<( *pstu). age <<",Score："<<( *pstu). score << endl;
    cout <<" Number："<< pstu -> num <<",Name："<< pstu -> name
    <<",Sex："<< pstu -> sex;
    cout <<",Age："<< pstu -> age <<",Score："<< pstu -> score << endl;
 return 0;
}
```

运行结果如图 8-6 所示。

```
Number: 10010,Name: Li fang,Sex: M,Age: 20,Score: 87.5
Number: 10010,Name: Li fang,Sex: M,Age: 20,Score: 87.5
Number: 10010,Name: Li fang,Sex: M,Age: 20,Score: 87.5
```

图 8-6   实例 8-5 运行结果

本程序定义了 struct stu 类型的结构体变量 boy 并作了初始化赋值,还定义了一个指向 struct stu 类型结构体的指针变量 pstu,pstu 指向 boy。然后分别用三种形式输出 boy 的各个成员值。从运行结果可以看出:结构体变量.成员名、(*结构体指针变量).成员名和结构体指针变量 ->成员名这三种引用结构体变量各成员的方法是完全等效的。

同样也可以用初始化的方式将结构体变量的起始地址赋给指针变量。

例如:

```
struct stu   student;
struct student   *p = &student;
```

2. 指向结构体数组的指针变量

结构体指针变量也可以指向一个结构体数组,这时结构体指针变量的值是整个结构体数组的首地址。结构体指针变量也可指向结构体数组的一个元素,这时结构体指针变量的值是该结构体数组元素的首地址。

设 ps 为指向结构体数组的指针变量,则 ps 指向该结构体数组的 0 号元素,ps+1 指向 1 号元素,ps+i 指向 i 号元素。这与普通数组的情况是一致的。下面通过一个例子来说明。

实例 8-6 用指针变量输出结构体数组。

```
#include <iostream.h>
#include <string.h>
#include <iomanip.h>
struct stu
{ int num;
  char name[20];
  char sex;
  float score;
}boy[3] = {{101,"Zi min ",'M',45},{102,"Wang pin ",'M',62.5},
          {103,"Li fan ",'F',92.5}};

int main()
{
    struct stu *ps;
    cout <<" Number "<< setw(12)<<" Name;"<< setw(6)
        <<" Sex "<< setw(8)<<" Score "<< endl;
    for (ps = boy;ps < boy + 3;ps ++ )
        cout << setw(6)<< ps -> num << setw(12)<< ps -> name
            << setw(6)<< ps -> sex << setw(8)<< ps -> score << endl;
    cout << endl;
    return 0;
}
```

运行结果如图 8-7 所示。

```
Number      Name:  Sex  Score
  101      Zi min    M     45
  102     Wang pin   M   62.5
  103      Li fan    F   92.5
```

图 8-7 实例 8-6 运行结果

在程序中,定义了 struct stu 类型的外部数组 boy 并作了初始化赋值。在 main 函数内定义 ps 为指向 struct stu 类型的指针。在循环语句 for 的表达式 1 中,ps 被赋予 boy 的首地址,然后循环 3 次,依次输出 boy 各数组元素中的各成员值。

应该注意的是,一个结构体指针变量虽然可以用来访问结构体变量或结构体数组元素的成员,但是不能使它指向一个成员。也就是说,不允许取一个成员的地址来赋予它。因此,下面的赋值是错误的:ps=&boy[1].sex;而只能是:ps=boy;(赋予数组首地址)或者是:ps=&boy[0];(赋予 0 号元素首地址)。

8.2.7 结构体与函数

用指向结构体的指针作函数参数。

在 C 语言中允许用结构体变量作为函数实参将所有成员值依次传给形参对应成员,即"值传递"方式。但是这种传送要将全部成员逐个传送,特别是成员为数组时将会使传送的时间和空间开销很大,严重地降低了程序的效率。因此最好的办法就是使用指针,即用结构体指针变量作函数参数进行传送。这时由实参传向形参的只是地址,从而减少了时间和空间的开销。

实例 8-7 计算一组学生的平均成绩和不及格人数(用结构体指针变量作函数参数编程)。

```
#include<iostream.h>
struct stu
{ char   name[20];
  char sex;
  float score;
};
void ave(struct stu *ps)
{
  int c = 0,i;float ave,s = 0;
  for(i = 0;i < 3;i + + ,ps + + )
    { s + = ps -> score;
      if(ps -> score < 60)   c = c + 1;
    }
  ave = s/3;
  cout <<" average = "<< ave << endl;
  cout <<" count = "<< c << endl;
}
int main( )
{
  struct stu boy[3] = {{"Li pin ",'M ',45},{"Zhan mei ",'M ',62.5},
  {"He fan ",'F ',92.5}};
  struct stu   *ps;
  ps = boy;
  ave(ps);
  return 0;
}
```

运行结果如图 8-8 所示。

本程序中定义了函数 ave,其形参为结构体指针变量 ps。在 main 函数中定义了结构体数组 boy 和结构体指针变量 ps,并把 boy 的首地址赋予 ps,使 ps 指向 boy 数组。然后以 ps

```
average=66.6667
count=1
```

图 8-8　实例 8-7 运行结果

作实参调用函数 ave。在函数 ave 中完成计算平均成绩和统计不及格人数的工作并输出结果。

8.3　链　　表

8.3.1　链表的概念

链表是一种常见的重要的数据结构,它是动态地进行存储分配的一种结构。我们知道,用数组存放数据时,必须事先确定数组的长度(即元素个数)。比如,有的班级有 100 人,而有的班级只有 30 人,如果要用同一个数组先后存放不同班级的学生数据,则必须定义长度为 100 的数组。如果预先不能准确把握学生人数,则必须把数组定义得足够大,以便能存放任何班级的学生数据,显然这将会浪费内存。而且当学生留级、退学之后也不能把该元素占用的空间从数组中释放出来。

链表可以克服这种缺点,它可以根据需要开辟内存单元,无须预先确定学生的准确人数,每一次分配一块空间用来存放一个学生的数据,称之为一个结点。有多少个学生就申请分配多少块内存空间,也就是说要建立多少个结点。某学生退学,可删去该结点,并释放该结点占用的存储空间,从而节约了宝贵的内存资源。我们知道,数组必须占用一块连续的内存区域,而使用链表时,每个结点之间可以是不连续的(结点内是连续的)。结点之间的联系可以用指针实现,即在结点的结构体增加一个成员项用来存放下一结点的首地址,这个用于存放地址的成员,常被称为指针域,而把存放学生实际信息的数据项称为数据域。

图 8-9 表示的是一种最简单的链表(单向链表)的结构。第 0 个结点称为头指针,它是一个指针变量,存放第一个结点的首地址。以下的每个结点都分为两个域,一个是数据域,存放各种实际的数据,如学号 num、姓名 name、性别 sex 和成绩

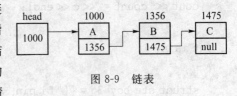

图 8-9　链表

score 等(图示用 A、B、C 等代替)。另一个域为指针域,存放下一结点的首地址。链表中的每一个结点都是同一种结构体类型。例如,一个存放学生学号和成绩的结点应声明为以下结构体类型:

```
struct stu
{
    int num;
    int score;
    struct stu *next;
};
```

前两个成员项组成数据域,后一个成员项 next 构成指针域,它是一个指向 struct stu 类型的指针变量。

8.3.2 动态申请和释放内存存储空间

前面讲过,链表结构是动态地分配存储的,即在需要时才开辟一个结点的存储单元。怎样动态地开辟和释放存储单元呢? C 语言编译系统提供了以下有关函数。这些内存管理函数可以按需要动态地分配内存空间,也可把不再使用的空间回收待用,为有效地利用内存资源提供了手段。常用的内存管理函数有以下三个。

1. malloc 函数(分配内存空间)

其调用的一般形式为:

(类型说明符 *) malloc (size)

其作用是在内存的动态存储区中分配一块长度为"size"字节的连续区域。若分配成功时,函数的返回值为该区域的首地址;若不成功,则返回空指针。"类型说明符"表示把该区域用于存放何种类型数据,(类型说明符 *)表示把返回值强制转换为该类型指针。"size"是一个无符号整数。例如:pc=(char *) malloc(100);表示分配 100 个字节的内存空间,并强制转换为字符数组类型,函数的返回值为指向该字符数组的指针,把该指针赋予指针变量 pc。

2. calloc 函数(分配内存空间)

其调用的一般形式为:

(类型说明符 *)calloc(n,size)

其作用是在内存动态存储区中分配 n 块长度为"size"字节的连续区域。若分配成功时,函数的返回值为该区域的首地址;若不成功,则返回空指针。calloc 函数与 malloc 函数的区别仅在于一次可以分配 n 块区域。例如:

ps = (struct stu *) calloc(2,sizeof(struct stu));,

其中的 sizeof(struct stu)是求 struct stu 结构体类型的长度。因此该语句的意思是:按struct stu 的长度分配 2 块连续区域,强制转换为 struct stu 类型,并把其首地址赋予指针变量 ps。

3. free 函数(释放内存空间)

其调用的一般形式为:

free(void   *ptr);

其作用是释放由指针变量 ptr 指向的存储空间,使这部分内存区被其他变量使用,此函数无返回值。ptr 是一个任意类型的指针变量,它指向被释放区域的首地址,且被释放区应是由 malloc 或 calloc 函数所分配的区域。

实例 8-8 动态申请和释放内存空间。

```
# include <iostream.h>
# include <string.h>
# include <malloc.h>
struct stu
```

```
{
    char num[10];
    char name[20];
    char sex;
    int   age;
    float score;
};
int main( )
{
    struct stu *ps;
    ps = (struct stu * )malloc(sizeof(struct stu));
    strcpy(ps -> num,"10010");
    strcpy(ps -> name,"Li fang");
    ps -> sex = 'M';
    ps -> age = 21;
    ps -> score = 62.5;
    cout <<"Number:"<< ps -> num <<",Name:"<< ps -> name
    <<",Sex:"<< ps -> sex;
    cout <<",Age:"<< ps -> age <<",Score:"<< ps -> score << endl;
    free(ps);
    return 0;
}
```

运行结果如图 8-10 所示。

```
Number:10010,Name:Li fang,Sex:M,Age:21,Score:62.5
```

图 8-10　实例 8-8 运行结果

在本程序中,定义了结构体指针变量 ps。然后分配一块 struct stu 类型大小的内存区,并把首地址赋予 ps,使 ps 指向该区域。再以 ps 为指向结构体的指针变量对各成员赋值,并输出各成员值。最后用 free 函数释放 ps 指向的内存空间。整个程序包含了申请内存空间、使用内存空间、释放内存空间三个步骤,实现存储空间的动态分配。

8.3.3　链表的操作

对链表的主要操作有以下几种。

① 建立链表。

② 结点的查找与输出。

③ 插入一个结点。

④ 删除一个结点。

下面通过例题来说明这些操作。

实例 8-9　建立链表函数,用来存放学生数据。为简单起见,我们假定学生数据结构中只有学号和年龄两项。

```cpp
#define NULL 0
#include<iostream.h>
#include<malloc.h>
struct stu
{
   intnum;
   int age;
   struct stu *next;
};
struct stu *creat(int  n)
{
   struct stu *head, *p, *s;
   int i;
   for(i = 0; i < 5; i++)
   {
      s = ( struct stu * ) malloc(sizeof(struct stu));
      cout <<" input Number and Age:";
      cin >> s -> num >> s -> age;
      if(i == 0)
         p = head = s;
      else
         p -> next = s;
      s -> next = NULL;
      p = s;
   }
   return(head);
}
```

在函数外首先用宏定义了符号常量 NULL 和结构体类型 struct stu,在程序中的各个函数均可使用该定义。creat 函数用于建立一个有 n 个结点的链表,它是一个指针函数,它返回的指针指向 struct stu 类型的结点。creat 函数的形参 n 表示所建链表的结点数,作为 for 语句的循环次数。在 creat 函数内定义了三个 struct stu 类型的指针变量。head 为头指针,s 指向当前申请的结点。p 指向当前结点的前一个结点。在 for 语句内,用 malloc 函数申请长度与 struct stu 长度相等的空间作为一结点,首地址赋予 s。然后输入结点数据。如果当前结点为第一结点(i==0),则把 s 值(该结点指针)赋予 head 和 p。如非第一结点,则把 s 值赋予 p 所指结点的指针域成员 next。而 s 所指结点为当前的最后结点,其指针域赋 NULL。再把 s 值赋予 p 以作下一次循环准备。其构造的链表类似于图 8-9。

实例 8-10 写一个函数,在链表中按学号查找该结点。

```cpp
struct stu *search (struct stu   *head, int x)
```

```
{
    struct stu *p;
    int i;
    p = head;
    while (p -> num! = x && p -> next! = NULL)
        p = p -> next;           /* 不是要找的结点后移一步 */
    if (p -> num == x)
        return (p);
    if (p -> num! = x&& p -> next == NULL)
        cout << x <<" Node has not been found! "<< endl;
}
```

本函数有两个形参,head 是指向链表的指针变量,x 为要查找的学号。进入 while 语句,逐个检查结点的 num 成员是否等于 n,如果不等于 x 且指针域不等于 NULL(不是最后结点)则后移一个结点,继续循环。如找到该结点则返回结点指针。如循环结束仍未找到该结点则输出"未找到"的提示信息。

实例 8-11 写一个函数,删除链表中指定学号的结点。(以后的图示数据域只画出学号结点。)

分析:删除一个结点有两种情况(设指针 s 指向删除结点):

(1)被删除结点是第一个结点。这种情况只需使 head 指向第二个结点即可。即 head = s -> next。其删除结果如图 8-11 所示。

(2)被删结点不是第一个结点,这种情况使

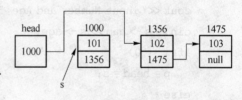

图 8-11 删除链表第一个结点

被删结点的前一结点指向被删结点的后一结点即可。即 p -> next = s -> next(p 指向删除结点的前驱结点)。其删除结果如图 8-12 所示。

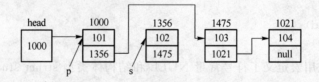

图 8-12 删除链表其他结点

```
struct stu *delete(struct stu *head , int x)
{
    struct stu *p, *s;
    if(head == NULL)              /* 如为空表,输出提示信息 */
        cout <<" empty list! "<< endl;
    else
    {
        s = head;
```

```
        while (s -> num! = x && s -> next! = NULL)
```
/* 当不是要删除的结点,而且也不是最后一个结点时,继续循环 */
```
        {p = s;s = s -> next;}                /*p 指向当前结点,s 指向下一结点 */
        if(s -> num == x)
        {
            if(s == head)    head = s -> next;  /* 如找到被删结点,且为第一结点,则使
                                                    head 指向第二个结点,否则使 pf 所指结
                                                    点的指针指向下一结点 */

            else p -> next = s -> next;
            free(s);
            cout <<" The node is deleted "<< endl;
        }
        else
        cout <<" The node not been foud! "<< endl;
    }
    return head;
}
```

本函数有两个形参,head 为指向链表第一结点的指针变量,x 为被删结点的学号。首先判断链表是否为空,为空则不可能有被删结点。若不为空,则使 s 指针指向链表的第一个结点。进入 while 语句后逐个查找被删结点。找到被删结点之后再看是否为第一结点,若是则使 head 指向第二结点(即把第一结点从链中删去),否则使被删结点的前一结点(p 所指)指向被删结点的后一结点(被删结点的指针域所指)。如若循环结束未找到要删的结点,则输出"未找到"的提示信息。最后返回 head 值。

实例 8-12 写一个函数,在链表中指定位置插入一个结点。在一个链表的指定位置插入结点(本函数要求链表本身必须是已按某种规律排好序的)。例如,在学生数据链表中,要求按学号顺序插入一个结点。

分析:设被插结点的指针为 pi。可在四种不同情况下插入。

(1)原表是空表,只需使 head 指向被插结点即可。其插入结果如图 8-13 所示。

(2)被插结点值最小,应插入第一结点之前。这种情况下使 head 指向被插结点,被插结点的指针域指向原来的第一结点则可。即:pi-> next = p;head = pi;(p 指向插入结点的后继结点)。其插入结果如图 8-14 所示。

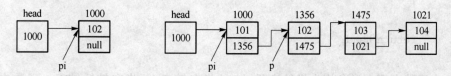

图 8-13 空表插入一个结点   图 8-14 在 head 后插入一个结点

(3)在其他中间的位置插入,使插入位置的前一结点的指针域指向被插结点(用 pi 指向),使被插结点的指针域指向插入位置的后一结点。即为

pi-> next = p;q-> next = pi;其插入结果如图 8-15 所示。

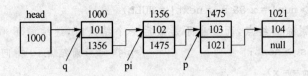

图 8-15 在链表其他中间位置插入一个结点

(4) 在表末插入,使原表末结点指针域指向被插结点,被插结点指针域置为 NULL,即 q-> next=pi;pi-> next=NULL,代码如下:

```
struct stu *insert(struct stu *head, struct stu *pi)
{
    struct stu *p, *q;
    p = head;
    if(head == NULL)                                    /* 空表插入 */
    {
        head = pi;
        pi -> next = NULL;
    }
    else
    {
        while((pi -> num > p -> num)&&(p -> next! = NULL))     /* 找插入位置 */
        { q = p;
          p = p -> next;
        }
        if(pi -> num <= p -> num)
        {
            if(head == p)   head = pi;                  /* 在第一结点之前插入 */
            else   q -> next = pi;                      /* 在其他位置插入 */
            pi -> next = p;
        }
        else                                            /* 在表末插入 */
        { p -> next = pi;
          pi -> next = NULL;
        }
    }
    return head;
}
```

本函数有两个形参均为指针变量,head 指向链表,pi 指向被插结点。函数中首先判断链表是否为空,为空则使 head 指向被插结点。表若不空,则用 while 语句循环查找插入位置。找到之后再判断是否在第一结点之前插入,若是则使 head 指向被插结点,被插结点指针域指向原第一结点,否则在其他位置插入,若插入的结点大于表中所有结点,则在表末插入。本函数返回一个指针,是链表的头指针。当插入的位置在第一个结点之前时,插入的新结点成为链表的第一个结点,因此 head 的值也有了改变,故需要把这个指针返回主调函数。

实例 8-13 将以上建立链表、删除结点、插入结点的函数组织在一起,再建一个输出全部结点的函数,然后用 main 函数调用它们。

```cpp
#define NULL 0
#include <iostream.h>
#include <malloc.h>
#include <iomanip.h>
struct stu
{
    int num;
    int age;
    struct stu *next;
};
void print(struct stu *head)
{
    struct stu   *p = head;
    cout << " Number " << setw(8) << " Age " << endl;
    while(p! = NULL)
    {
        cout << p -> num << p -> age << endl;
        p = p -> next;
    }
}
main( )
{
    struct stu *head, *p;
    int n, num;
    cout << " input number of node: ";
    cin >> n;
    head = creat(n);
    print(head);
    cout << " Input the deleted number: ";
    cin >> num;
    head = delete(head, num);
    print(head);
    cout << " Input the inserted number and age: ";
    p = ( struct stu * )malloc(sizeof(struct stu));
    cin >> p -> num >> p -> age;
    head = insert(head, p);
    print(head);
```

```
        return 0;
    }
```

运行结果为：

input number of node：__3__

input Number and Age：__101 20__

input Number and Age：__102 18__

input Number and Age：__103 19__

Number   Age

101   20

102   18

103   19

Input the deleted number：__102__

Number   Age

101   20

103   19

Input the inserted number and age：__104__

Number   Age

101   20

103   18

104   19

本例中，print 函数用于输出链表中各个结点数据域值。函数的形参 head 的初值指向链表第一个结点，另设一个指针变量，把 head 值赋予它。在 while 语句中，输出结点值后，p 值被改变，指向下一结点。在 main 函数中，n 为建立结点的数目，num 为待删结点的数据域值；head 为指向链表的头指针，p 为指向待插结点的指针。

从运行结果看，首先建立起 3 个结点的链表，并输出其值；再删 102 号结点，只剩下 101、103 号结点；又输入 104 号结点数据，插入后链表中的结点为 101、103、104。

运行结果并不是 VC 环境下的运行结果，在这里只是为了做一个简单的说明，请读者下去继续完善此程序，使之形成一个完整的关于链表操作的综合性程序。

思考和练习题

一、选择题

1. 下列四个选项中，均是 C 语言关键字的选项是（　　）。

A. auto
　enum
　include

B. switch
　typedef
　continue

C. signed
　union
　scanf

D. if
　truct
　type

2. 说明一个结构体变量时系统分配给它的内存是(　　　)。

A. 各成员所需要内存量的总和

B. 结构体中第一个成员所需内存量

C. 成员中占内存量最大者所需的容量

D. 结构中最后一个成员所需内存量

3. C语言结构体类型变量在程序执行期间(　　　)。

A. 所有成员一直驻留在内存中

B. 只有一个成员驻留在内存中

C. 部分成员驻留在内存中

D. 没有成员驻留在内存中

4. 关于说明语句 struct stu { int a;float b;} stutype;,
叙述不正确的是(　　　)。

A. struct 是结构体类型的关键字

B. struct stu 是用户定义的结构体类型

C. stutype 是用户定义的结构体类型名

D. a 和 b 都是结构体成员名

5. 有如下定义:

struct person { char name[9]; int age;};

struct person class[10] = {″Johu ″,17,″Paul ″,19,
″Mary ″,18,″Adam ″,16};

根据上述定义,能输出字母 M 的语句是(　　　)。

A. prinft(″ %c\n ″, class[3].name);

B. printf(″ %c\n ″, class[3].name[1]);

C. prinft(″ %c\n ″, class[2].name[1]);

D. printf(″ %c\n ″, class[2].name[0]);

6. 设有如下定义:struct sk {int a; float b; }data, *p;
若有 p=&data;,则对 data 中的 a 域的正确引用是(　　　)。

A. (*p).data.a　　　　B. (*p).a　　　　C. p→data.a　　　D. p.data.a

7. 下列表达式正确的是(　　　)。

A. struct person
{ int age;
char name[8];
char sex;
} person1,person2
person person1,person2

B. struct person
{ int age;
char name[8];
char sex;
}

C. struct person

{ int age;

char name[8];

char sex;

};

D. struct person

{ int age;

charname[8] = ″Wang lin″;

char sex;

} person1

二、填空题

1. 设有如下定义：

struck sk

{ int a; float b; } data;

int *p;

若要使 p 指向 data 中的 a 域,正确的赋值语句是_____。

2. 在 C 语言中,要定义一个结构体类型的变量,可采用三种方法,即_____、_____和_____。

3. 结构体变量所占内存单元数等于_____。

4. 以下程序的输出结果是_____。

```
int main()
{
    struct abs
    {int a;int b}ab[2] = {2,4,6,8};
    cout << ab[0].b/ab[0].a * ab[1].a);
}
```

5. 引用结构体变量中的一个成员时要用到_____运算符。

三、判断题

1. 对于某个具体的结构体类型,成员的数量必须固定。   （ ）
2. 结构体变量和数组不可以在定义的同时赋初值。   （ ）
3. 定义结构体类型时关键字是 struct。   （ ）
4. 利用结构体变量构成链表,结构体中含有指向本结构体的指针成员。   （ ）
5. 链表在使用时可以是静态链表也可以是动态链表。   （ ）
6. 删除单向链表中的结点时没有任何前提条件。   （ ）
7. 在单向链表中插入结点时,可能是前插,也可能是后插。   （ ）
8. 结构体类型中有成员必须是同种类型的数据。   （ ）
9. 在定义结构体类型时对其中的成员项是可以允许赋值的。   （ ）
10. 定义结构体变量后,各个成员共享存储空间。   （ ）

四、分析程序,写出结果

1. 下面程序的输出是_____。

```
# include <iostream.h>
int main()
{
```

```
    struct cmplx { int x; int y; } cnum[2] = {1, 3, 2, 7};
    cout << cnum[0].y/cnum[0].x * cnum[1].x);
}
```

2. 下面程序的输出是_____。

```
#include <iostream.h>
int main()
{
    struct data{ int year,month,day;}today;
    cout << sizeof(struct data);
}
```

3. 下面程序的输出是_____。

```
#include <iostream.h>
struct stu
{ int num;char name[10]; int age;};
void fun(struct stu *p)
{ cout <<( *p).name); }
void main()
{
    struct stu students[3] = {{9801,"Zhang ",20} ,{9802,"Wang ", 19} ,
                                        {9803,"Zhao ",18} };
    fun(students + 2);
}
```

4. 下面程序的输出是_____。

```
#include <iostream.h>
struct st { int x;int *y;} *p ;
int dt[4] = {10,20,30,40};
struct st aa[4] = {50,&dt[0],60,&dt[1],70,&dt[2],80,&dt[3] };
int main()
{
    p = aa;
    cout << ++ p -> x;
    cout <<( ++ p) -> x;
    cout << ++ ( *p -> y);
}
```

5. 下面程序的输出是_____。

```
#include <iostream.h>
struct STU
{ char num[10]; float score[3]; };
void main()
```

```
{
    struct STU s[3] = {{"20021",90,95,85},{"20022",95,80,75},
    {"20023",100,95,90}}, *p = s;
    int i; float sum = 0;
    for(i = 0;i < 3;i++)
        sum = sum + p -> score[i];
    cout << sum;
}
```

五、分析程序,补充填空

1. 有 n 个学生,每个学生的数据包括学号(num)、姓名(name[20])、性别(sex)、年龄(age)、三门课的成绩(score[3])。要求在 main 函数中输入这 n 个学生的数据,然后调用一个函数 count,在该函数中计算出每个学生的总分和平均分,然后打印出所有各项数据(包括原有的和新求出的)。

```
struct student
{
    int num;
    char name[20];
    char sex;
    int age;
    float score[3];
    float total;
    float ave;
};
void count(_____ b[],int n)
{
    int i,j;
    for(i = 0;i < n;i++)
    {
        _____;
        for(j = 0;j < 3;j++)
            b[i].total = _____;
        _____;
    }
}
void main()
{
    int i;flaot s1,s2,s3;
    _____;
    struct student a[3];
```

```
for(i = 0;i < 3;i ++ )
{
  cin >> a[i]. num >> a[i]. name >> a[i]. sex;
  cin >> a[i]. age >> s0 >> s1 >> s2;
  a[i]. score[0] = s0;a[i]. score[1] = s1;a[i]. score[2] = s2;
  cout << a[i]. num << a[i]. name << a[i]. sex << a[i]. age << a[i]. score[0]
    << a[i]. score[1]<< a[i]. score[2]);
}
_____(a,3);
cout <<"=============================\n ";
cout <<" NO name sex age score[0] score[1] score[2] total ave\n ";
for(i = 0;i < 3;i ++ )
  cout << a[i]. num << a[i]. name << a[i]. sex << a[i]. age << a[i]. score[0];
  cout << a[i]. score[1]<< a[i]. score[2]<< a[i]. total << a[i]. ave;
}
```

2. 有四名学生，每个学生的数据包括学号、姓名、成绩，要求找出成绩最高者的学号、姓名和成绩（用指针方法）。

```
#include <iostream. h >
int main()
{
  struct student
  {
    int num;
    char name[20];
    float score;
  };
  struct student stu[4];
  struct student *p;
  int i,temp = 0;
  _____;
  for(_____)
  {
    cin >> p -> num >> p -> name >> s0);
    p -> score = s0;
  }
  for( _____;i < 4;i ++ )
  if(stu[i]. score > amax)
  {amax = stu[i]. score;temp = i;}
  _____;
```

```
        cout <<" NO:"<< p -> num << endl <<" name:" p -> name << endl
        <<" score:"<< p -> score;
    }
```

六、程序设计题

1. 定义一个结构体变量（包括年、月、日）。计算该日在本年中是第几天？注意闰年问题。

2. 编写一个函数 print，打印一个学生的成绩数组，该数组中有 5 个学生的数据记录，每个记录包括 num、name、score[3]，用主函数输入这些记录，用 print 函数输出这些记录。

3. 在 2 题的基础上，编写一个 input 函数，用来输入 5 个学生的数据记录。

第9章

其他数据类型

本章导读

C 语言数据类型丰富,本章主要介绍共用体和枚举两种数据类型。

在实际问题中有很多这样的例子,例如学校的教师和学生填写以下表格:姓名、年龄、职业和单位。"职业"一项可分为教师和学生两类。对"单位"一项学生应填入班级编号,教师应填入某系某教研室。班级可用整型量表示,教研室只能用字符类型。要求把这两种类型不同的数据都填入"单位"这个变量中,就必须把"单位"定义为一种新的类型的变量,即共用体类型的变量。

在实际应用中,有些变量只有几种可能取值,如星期只有 7 种可能取值,月份只有 12 种可能取值,对这些变量就可以将它们定义为枚举类型。

在本章中首先通过介绍一个案例程序来帮助学习者初步了解共用体,然后详细介绍了共用体、枚举类型的定义和引用方式等,最后讲解了 typedef 命名新的数据类型的方法。

本章要点

➢ 区分共用体类型和共用体变量,掌握共用体类型的声明和共用体变量的定义、引用方式。
➢ 区分枚举类型和枚举变量,掌握枚举类型的声明和枚举变量的定义、引用方式。
➢ 在程序中,灵活使用共用体和枚举类型数据。
➢ 掌握使用 typedef 命名新的数据类型的方法。

9.1 设计一个简单的共用体程序

9.1.1 实例解析

通过编写实例程序来熟悉共用体类型。

实例 9-1 利用共用体类型,实现二选一的选修课成绩表的类型描述。

假设学生可从 C 语言和 Java 语言两门课中选择一门课程来学习,C 语言采用分数评价学生的学习结果,Java 采用等级来评价,即 A、B、C、D、E 五个等级。如果所选课程为 C,成绩表中就是一个百分制的成绩,如果所选课程为 Java,成绩表中就是一个等级,显然可以用共用体来处理成绩。

```cpp
#include<iostream.h>
#include<string.h>
int main()
{
    union
    {
        int cscore;
        char javascore;
    }sc;
    char course[5];
    cout <<"Please input course the    student select(C or Java):";
    cin >> course;
    if(strcmp(course,"C") == 0)
        sc.cscore = 85;
    if(strcmp(course,"Java") == 0)
        sc.javascore = 'B';
    cout <<" name "<<" select course "<<" score "<< endl;
    if(strcmp(course,"C") == 0)
        cout <<" s "<<"   "<< course <<"   "<< sc.cscore << endl;
    if(strcmp(course,"Java") == 0)
        cout <<" s "<<"   "<< course <<"   "<< sc.javascore << endl;
    return 0;
}
```

运行结果如图 9-1 所示。

```
Please input course the    student select(C or Java):C
name       select course       score
s          C                   85
```

图 9-1　实例 9-1 的运行结果

本程序的作用是根据选择的课程,在成绩表中给出类型不同的成绩。

第 5 行到第 9 行声明了一种共用体类型并定义了此种共用体类型的变量 sc,声明共用体类型的关键字为 union,此共用体包含两个成员,一个整型变量 cscore,一个字符型变量 javascore。与结构体相似,不能单独引用共用体的成员,必须通过共用体变量才能引用它们,如"sc.cscore＝85。"

程序中定义了一个一维的字符数组 course,用来存放学生所选的课程,第 13 行到第 16 行根据选择的课程决定当前起作用的成员,如果选择的课程为 C,sc 变量的 cscore 成员占用分配好的内存(4 字节),否则 sc 变量的 javascore 成员占用内存。程序中用到了字符串比较函数,所以要在程序开头将"string.h"头文件包含进来。

9.1.2 共用体的概念

在进行某些算法的 C 语言编程时,需要使几种不同类型的变量存放到同一段内存单元中。也就是使用覆盖技术,几个变量互相覆盖。这种几个不同的变量共同占用一段内存的结构,在 C 语言中,被称作"共用体"类型,简称共用体。

9.2 共 用 体

9.2.1 共用体的定义和引用

与结构体类似,共用体也必须先声明类型,然后再定义相应的共用体变量。

1. 共用体类型的声明

声明共用体的一般格式为:

union 共用体名

〔成员表列〕;

其中的"union 共用体名"合起来称为共用体类型名,共用体名的命名符合标识符的命名规则。成员表列中含有若干成员,成员声明的形式为:

类型定义符 成员名;

例如:

```
union perdata
{
    int class;
    char office[10];
};
```

定义了一个名为 perdata 的共用体类型,它含有两个成员,一个为整型,成员名为 class;另一个为字符数组,数组名为 office。

2. 共用体变量的定义

共用体变量的定义和结构体变量的定义方式相同,也有三种形式。即先声明,再定义;声明的同时定义和直接定义。

(1)声明类型之后再定义共用体类型变量

例如在前面定义了 union perdata 类型后再定义相应的变量。

union perdata a,b;   /* 定义 a,b 为 perdata 类型 */

(2)声明类型的同时定义共用体类型变量

例如:

```
union perdata
{
    int class;
```

```
    char office[10];
}a,b;
```

(3) 直接定义(即不出现共用体名)

例如:

```
union
{
    int class;
    char office[10];
}a,b;
```

由以上的讲解我们知道,"共用体"与"结构体"虽有一些相似之处,但两者有本质上的不同。在结构体中各成员有各自的内存空间,一个结构体变量的总长度是各成员长度之和。而在"共用体"中,各成员共享一段内存空间,一个变量的长度等于各成员中最长的长度。应该说明的是,这里所谓的共享不是指把多个成员同时装入一个共用体变量内,而是指该共用体变量可被赋予任一成员值,但每次只能赋一种值,当赋入新值时,则冲去旧值。如前面介绍的"单位"变量,如定义为一个可装入"班级"或"教研室"的共用体后,就允许赋予整型值(班级)或字符串(教研室)。要么赋予整型值,要么赋予字符串,不能把两者同时赋予它。

3. 共用体变量的引用

对共用体变量的引用只能是对变量的成员进行。共用体变量的成员表示为:

共用体变量名. 成员名

例如:a 被定义为 perdata 类型的变量之后,可使用 a. class 和 a. office。

注意不允许只用共用体变量名作赋值或其他操作。也不允许对共用体变量作初始化赋值。还要再强调的是,一个共用体变量每次只能赋予一个成员值,共用体变量当前正在起作用的成员是最后一次存放的成员。共用体变量的地址和各成员的地址都是同一个地址。

9.2.2 带共用体的结构体

共用体变量可以作为结构体的成员。

实例 9-2 实例 9-1 输出的学生信息较少,现采用共用体和结构体结合的方式来完善实例 9-1。

```
#include<iostream.h>
#include<string.h>
struct
{
    int num;
    char name[10];
    char sex;
    char course[10];
    union
    {
        int cscore;
```

```
    char javascore;
  }category;
}s[2];
int main( )
{
  int i;
  for(i = 0;i < 2;i ++ )
  {
    cin >> s[i].num >> s[i].name >> s[i].sex >> s[i].course;
    if(strcmp(s[i].course,"C") == 0)
    cin >> s[i].category.cscore;
    if(strcmp(s[i].course,"java") == 0)
    cin >> s[i].category.javascore;
  }
cout <<"No "<<" Name "<<" Sex "<<" Course "<<"    score "<< endl;
for(i = 0;i < 2;i ++ )
{
  if(strcmp(s[i].course,"C") == 0)
  cout << s[i].num <<"   "<< s[i].name <<"   "<< s[i].sex
     <<"   "<< s[i].course <<"    "<< s[i].category.cscore << endl;
  else
    cout << s[i].num <<"   "<< s[i].name <<"   "<< s[i].sex
     <<"   "<< s[i].course <<"    "<< s[i].category.javascore << endl;
}
  return 0;
}
```

运行结果如图 9-2 所示。

```
101 Wangli F C 89
102 Lirong M java A

No    Name    Sex    Course    score
101   Wangli   F       C         89
102   Lirong   M               java      A
```

图 9-2 实例 9-2 运行结果

本程序用一个结构体数组 s 来存放人员数据,该结构体共有五个成员。其中成员项 category 是共用体类型,这个共用体又由两个成员组成,一个为整型量 cscore,一个为字符型的变量 javascore。在程序的第一个 for 语句中,输入人员的各项数据,先输入结构体变量的前四个成员 num、name、sex 和 course,然后判别 course 成员项,如为"C"则对 category.cscore 输入,否则对 category.javascore 输入。

9.3 枚 举

C语言提供了一种称为"枚举"的类型。枚举是指将变量的值一一列举出来,变量的值只限于列举出来的值的范围。

9.3.1 枚举类型的声明

枚举类型声明的一般形式为:

enum 枚举名 { 枚举元素表 };

"enum 枚举名"为枚举类型名,在枚举元素表中应罗列出所有可能值,这些值称为枚举常量。

例如:enum weekday{ sun,mon,tue,wed,thu,fri,sat };

该枚举类型名为 enum weekday,其中的 sun,mou,tue,…为枚举元素,它们是用户定义的标识符,共有7个,即一周中的七天。凡被说明为 enum weekday 类型变量的取值只能是七天中的某一天。

应该说明的是,枚举类型是一种基本数据类型,而不是一种构造类型,因为它不能再分解为任何基本类型。

9.3.2 枚举变量的定义

枚举变量的定义如同结构体和共用体一样,枚举变量也可用不同的方式说明,即先声明后定义,同时定义或直接定义。

当声明了枚举类型 enum weekday 后,就可以定义相应的枚举变量。如:

enum weekday   workday,weekend;

workday,weekend 被定义为枚举变量,它们的值只能是 sun 到 sat 之一。例如:

workday = mon;

weekend = sun;

在C语言中对枚举元素做常量处理,不能对它们进行赋值操作。例如:"sun=7;"是不对的。

枚举元素作为常量是有值的,C语言编译系统按定义时顺序使它们的值为 0,1,2,…,例如在"enum weekday{ sun,mon,tue,wed,thu,fri,sat };"中,枚举元素 sun 的值为 0,mon 的值为 1……

当需要改变枚举元素的默认值时,可以在定义枚举类型的同时在枚举元素的后面用"枚举元素=值"的格式改变,例如:enum weekday{sun=7,mon=1,tue,wed,thu,fri,sat}; 这样枚举元素 sun 的值为 7,mon 的值为 1,tue 的值为 2……

9.4 用 typedef 命名已有类型

除了可以直接使用 C 提供的标准类型名（如 int、char、float、long 等）和自己定义的结构体、共用体、指针、枚举类型外，还可以用 typedef 命名新的类型名来代替已有的类型名。

其一般格式为：

typedef <已有的类型名> <新类型名>；

例如：

typedef int INTEGER；

typedef float REAL；

有时人们在使用其他语言的过程中，已经习惯用 INTEGER 来表示整型，用 REAL 表示实型，我们就可以用此方法实现，指定 INTEGER 代表 int，REAL 代表 float。这时用 int 和用 INTEGER 是同一个含义。即

int a,b,c；

等价于

INTEGER a,b,c；

如果在一个程序中，一个整型变量用来计数，则：

typedef int COUNT；

COUNT i；

将 i 定义为 COUNT 类型，可以使人更一目了然地知道它是用于计数的。

在前面的几章内，我们经常用结构体类型名，但它是由两个单词组成的，使用起来很不方便。可以用 typedef 定义一个类型名代表一个结构体类型。例如：

typedef struct stu

{ ... } STU；

声明新类型名 STU，它代表上面指定的结构体类型，这时就可以用 STU 定义变量。

STU s1,s2；

STU *p；

也可通过 typedef 进一步定义数组类型。例如：

typedef int ARR[20]；   /* 定义 ARR 为整型数组类型，它包含 20 个元素 */

ARR a,b；   /* 等价于：int a[20],b[20]； */

也可以定义指针类型。例如：

typedef char *STRING；   /* 定义 STRING 为字符指针类型 */

STRING p1,p2,p[10]；   /* 等价于：char *p1, *p2, *p[10] */

这里需要说明的是：用 typedef 可以声明各种类型名，但不能用来定义变量，当用它来声明数组类型、字符串类型和结构体类型等时，使得应用起来较为方便。typedef 不是对已经存在的类型增加新的类型，只不过是为已有的类型起了一个新的名字，无论用哪种方法都是一样的。习惯上常把用 tpedef 声明的类型名用大写字母表示，以便与系统提供的标准类型标识符相区别。

思考和练习题

一、选择题

1. 一个共用体变量所占内存是（　　）。

A. 该共用体第一个成员所占的内存量

B. 该共用体最后一个成员所占的内存量

C. 该共用体占内存最多成员所占内存量

D. 该共用体所有成员所占内存量的总和

2. C语言中共用体类型变量在程序执行期间（　　）。

A. 所有成员一直驻留在结构中　　　　　B. 只有一个成员一直驻留在结构中

C. 部分成员一直驻留在结构中　　　　　D. 没有成员一直驻留在结构中

3. 以下对C语言中共用体类型数据的叙述正确的是（　　）。

A. 可以对共用体变量直接赋值

B. 一个共用体变量中可以同时存放其余所有成员

C. 一个共用体变量中不能同时存放其余所有成员

D. 共用体类型定义中不能出现结构体类型的成员

4. 以下关于枚举的叙述不正确的是（　　）。

A. 枚举变量只能取对应枚举类型枚举元素表中的元素

B. 可以在定义枚举类型时对枚举元素进行初始化

C. 枚举元素表中的元素有先后次序，可以进行比较

D. 枚举元素的值可以是整数或字符串

5. 以下关于typedef的叙述不正确的是（　　）。

A. 用typedef可以定义各种类型名，但不能用来定义变量

B. 用typedef可以增加新类型

C. 用typedef只是将已存在的类型用一个新的名称来代表

D. 使用typedef便于程序的通用和移植

6. 以下程序的输出结果是（　　）。

```
#include<iostream.h>
typedef union
{
    int i[2];
    char c[2];
}MY_TYPE;
MY_TYPE mydefun;
int main()
{
    cout << sizeof(mydefun);
```

```
    return 0;
}
```

A. 4   B. 6   C. 8   D. 10

二、程序设计题

1. 已知一无符号整数占 4 个字节的内存空间,现欲从低位存储地址开始,将其每个字节作为单独的一个字符输出,试利用共用体实现上述转换。

2. 定义枚举类型 score,用枚举元素代表成绩的等级,如:90 分以上为优(excellent),80 分到 89 分之间为良(good),60 到 79 分之间为中(general),60 分以下为差(fail),通过键盘输入一个学生的成绩,输出该生的等级。

第10章
文 件

很多程序在实现过程中将数据保存到变量中,而变量的生存期仅限于程序运行期间,一旦程序运行结束变量的值将不再保存。此外,若程序所需输入输出数据量较大时,通过键盘与显示器就会带来不便。用文件存放数据是解决上述问题的有效手段,并且存放在磁盘上的数据会得以长期保存。

文件是程序设计中的一个重要概念。文件是指存储在外部介质上的一组相关数据的集合,这个数据集的名称叫文件名。操作系统是以文件为单位来管理数据的,如果想要访问外部存储介质上的数据,必须先按照文件名找到相应的文件,然后才能从文件中读取数据。同样地,想要向外部介质存储数据则必须先建立一个文件,才能将数据输出到存储介质上。

C系统在处理文件时,都将数据看成是字符流,把这种文件称作"流式文件"。本章主要讨论流式文件的打开、关闭、读、写、定位等各种操作。

本章要点

➢ 了解文本文件和二进制文件的编码方式。
➢ 理解文件指针的概念与用途。
➢ 掌握文件读写函数的用法。
➢ 掌握文件定位的方式。

10.1　设计一个存储学生成绩信息的文件

10.1.1　实例解析

通过编写一个简单的实例来熟悉文件的使用方法。

实例 10-1　将 N 个学生的成绩信息保存到文件 student 中,学生成绩信息包括姓名、学号和入学成绩,再从文件将学生信息读出显示在屏幕上。

分析:可以定义两个结构体数组 a 和 b,先将学生信息输入到数组 a,再用 fwrite 函数将学生信息写入文件。文件中的数据可以用 fread 函数将其读出到数组 b，最后将数组 b 中的数据输出。程序应以读写方式打开二进制文件。

```cpp
# include <iostream.h>
# include <iomanip.h>
# include <stdio.h>
# include <stdlib.h>
# define N 3
struct stu
{
  char name[10];
  int num;
  int score;
}a[N], b[N];
int main()
{
  FILE *fp;
  int i;
  if((fp = fopen("student","wb+")) == NULL)
    {
    cout <<"Cannot open file press any key to exit! \n";
    exit(0);
  }
  cout <<"input data:\n";
  for(i = 0;i < N;i ++)
      cin >> a[i].name >> a[i].num >> a[i].score;
  fwrite(a,sizeof(struct stu),N,fp);
  rewind(fp);
  fread(b,sizeof(struct stu),N,fp);
  cout << endl << setw(8)<<"name "<< setw(8)<<"number "
      << setw(10)<<"score\n";
  for(i = 0;i < N;i ++)
    cout << setw(8)<< b[i].name << setw(8)
        << b[i].num << setw(7)<< b[i].score <<"\n";
  fclose(fp);
  return 0;
}
```

运行结果如图 10-1 所示。

```
input data:
lipin    12001 507
mali     12002 489
renduo   12003 669


     name   number    score
    lipin   12001     507
     mali   12002     489
   renduo   12003     669
```

图 10-1　实例 10-1 运行结果

写入文件数据后想要从头开始读出数据时,需要将文件的位置指针移到文件起始处,可以用 rewind 函数实现此功能。

10.1.2　文件概述

文件管理功能是操作系统的重要功能和组成部分。文件是驻留在外部存储介质(如磁盘)中的一个有序数据集,可以是源文件、目标文件、可执行文件,也可以是待输入的原始数据,或是一组输出结果。源文件、目标文件和可执行文件可称为程序文件,输入输出数据可称为数据文件。应用程序将数据写入磁盘中的文件,这就是所谓的"存盘",而"打开"功能则实现将磁盘文件的内容读入到内存。

在 C 语言中,常常要对数据文件进行处理。从数据的编码形式来看,数据文件可分为文本文件和二进制文件两种。

文本文件是以字符 ASCII 码值进行存储与编码的文件,其文件内容就是字符,它的每一个字节存放一个 ASCII 码,代表一个字符。例如数 468 的存储形式为:

ASCII 码　　00110100　00110110　00111000

十进制码　　　4　　　　6　　　　8

共占用 3 个字节。文本文件可在屏幕上按字符显示,例如源程序文件就是文本文件。通过"记事本"等编辑工具可以对文件内容进行查看、修改。

二进制文件是把数据按其在内存中的存储形式原样放到磁盘上存放。例如,数 468 的存储形式为:00000001 11010100 只占二个字节。二进制文件虽然也可在屏幕上显示,但其内容无法读懂。

由于系统对文件的存取速度与对内存的存取速度相差比较大,而且文件数据量较大,数据从磁盘读到内存或从内存写入磁盘不可能瞬间完成,为了提高数据存取访问的效率,标准 ANSI C 中规定对文件的处理采用缓冲文件系统的方式进行,这种方式要求程序与文件之间有一个内存缓冲区,程序与文件的数据交换通过该缓冲区来进行。

当进行文件操作时,系统自动为每一个文件分配一块内存缓冲区,当程序要向文件写入数据时,先把数据存入缓冲区,再由操作系统把缓冲区的数据真正存入磁盘。若从文件读出数据,先由操作系统把数据写入缓冲区,然后程序从缓冲区读数据到内存。

10.2 文件的基本操作

10.2.1 文件类型指针

每个文件都在内存中开辟一个相应的文件信息区,用来存放文件的有关信息,如文件名、文件状态及文件缓冲区地址等,这些信息保存在一个结构体变量中,该结构体类型由系统声明,类型名为 FILE。

结构体类型 FILE 的声明信息在头文件"stdio. h"中,在程序中可以直接用此类型定义变量。每个 FILE 类型变量对应一个文件的信息区,用来存放该文件的有关信息。这些信息是在打开文件时由系统根据文件的情况自动放入的,用户不必关心。一般不定义 FILE 类型的变量,而是设置一个指向 FILE 类型变量的指针变量,用它来实现对文件的访问。

在 C 语言中用一个指针变量指向一个文件的信息区,这个指针称为文件指针。通过文件指针就可对它所指的文件进行各种操作。

定义文件指针的一般形式为:

FILE *指针变量名;

其中 FILE 应为大写,它是由系统定义的一个含有文件基本信息的结构体类型,在编写程序时不必关心 FILE 结构的细节。例如:FILE *fp;表示 fp 是指向 FILE 结构体的指针变量,通过 fp 即可找到存放某个文件信息的结构体变量,然后按结构体变量提供的信息找到该文件,实施对文件的操作。

在对文件进行读写操作之前要先打开,使用完要关闭。所谓打开文件,实际上是建立文件的各种相关信息,并使文件指针指向该文件信息区,以便进行其他操作。关闭文件则断开指针与文件之间的联系,也就禁止再对该文件进行操作。习惯上笼统地把 fp 称为指向一个文件的指针,实际上它不是指向文件的,而是指向文件信息的。

10.2.2 文件的打开与关闭

fopen 函数用来打开一个文件,其调用的一般形式为:

文件指针名 = fopen(文件名,文件打开方式);

其中,"文件指针名"必须是被说明为 FILE 类型的指针变量,"文件名"是被打开文件的文件名。"文件打开方式"是指文件的类型和操作要求。例如:

FILE *fp;

fp = fopen ("file1","r");

其意义是在当前目录下打开文件 file1,只允许进行"读"操作,并使 fp 指向该文件。

又如:

FILE *fp;

fp = fopen ("c:\\sy","rb");

其意义是打开 C 盘根目录下的文件 sy,这是一个二进制文件,只允许按二进制方式进行读操作。

文件打开方式共有 12 种,如表 10-1 所示。

表 10-1　文件打开方式

使用方式	意义
"r"	打开一个文本文件进行只读
"w"	建立一个文本文件进行只写
"a"	打开一个文本文件进行追加
"rb"	打开一个二进制文件进行只读
"wb"	建立一个二进制文件进行只写
"ab"	打开一个二进制文件进行追加
"r+"	打开一个文本文件进行读写
"w+"	建立一个文本文件进行读写
"a+"	打开一个文本文件进行读或追加
"rb+"	打开一个二进制文件进行读写
"wb+"	建立一个二进制文件进行读写
"ab+"	打开一个二进制文件进行读或追加

对于文件使用方式有以下几点说明:

(1) 文件使用方式由 r、w、a、b、+五个字符组合构成,r(read)表示读,w(write)表示写,a(append)表示追加,b(binary)表示二进制文件,+表示读和写。

(2) 凡用"r"打开一个文件时,该文件必须已经存在,且只能从该文件读数据。

(3) 用"w"打开的文件只能执行写操作。若打开的文件不存在,则以指定的文件名建立该文件,若打开的文件已经存在,则将该文件原有的内容覆盖,重新写入新内容。

(4) 若要向一个已存在的文件尾部追加信息,只能用"a"方式打开文件。但此时该文件必须是存在的,否则将会出错。

(5) 用"r+"、"w+"、"a+"方式打开的文件既可以执行读操作,也可以执行写操作。用"r+"方式时该文件应该已经存在,才能从中读数据。用"w+"方式时若文件不存在则建立文件,若文件存在则写入的数据覆盖原数据。用"a+"方式打开的文件,原来的内容不被删去,可以在尾部追加也可以读。

(6) 打开一个文件时如果出错,fopen 将返回一个空指针值 NULL(NULL 是在文件 stdio.h 中定义的符号常量,其值为 0)。在程序中可以用这一信息来判别打开文件是否成功,以确保文件正常打开后再进行读写。因此常用以下程序段打开文件:

```
if((fp = fopen("ex41","rb")) == NULL)
    {
        cout <<"\n File open error! ";
        exit(0);
    }
```

程序段的意义是如果返回空指针,表示不能打开文件,则给出相应的提示信息,调用 exit 函数关闭所有文件并终止程序的执行。exit 函数在文件 stdlib.h 中定义。

（7）调用函数时的文件名一般要指明文件的路径，如果不写出路径，则默认文件在当前目录下。文件路径中所用的斜杠需要用双斜杠"\\"，如"c:\\ex\\e56.txt"。

文件一旦使用完毕，应该用关闭文件函数将其关闭，以避免文件数据的丢失。关闭就是使文件指针变量不指向该文件，此后不能再通过该指针变量对原来与其相联系的文件进行读写操作。

fclose 函数用来关闭一个文件，其调用的一般形式为：

```
fclose(文件指针);
```

例如：

```
fclose(fp);
```

正常完成关闭文件操作时，fclose 函数返回值为 0，如返回非零值则表示有错误发生。

应该养成在程序终止之前关闭所有文件的习惯，若不关闭文件将会引起文件数据丢失。因为在向文件写数据时，是先将数据输出到缓冲区，待缓冲区满后才正式输出给文件，如果当数据未充满缓冲区时程序结束运行，就会将缓冲区中的数据丢失。使用 fclose 函数关闭文件，可以避免这个问题，它先将缓冲区中的数据输出到文件，然后释放文件指针变量。

10.2.3　文件的读写

文件打开之后就可以对它进行读写了。在 C 语言中，文件的读写操作都是由库函数来完成的。本节将介绍几种主要的文件读写函数：

- 字符读写函数：fgetc 和 fputc。
- 字符串读写函数：fgets 和 fputs。
- 数据块读写函数：fread 和 fwrite。

1. fgetc 函数

fgetc 函数的作用是从指定的文件中读一个字符。其函数调用的一般形式为：

字符变量 = fgetc(文件指针);

例如：

ch = fgetc(fp);

其意义是从 fp 所指向的文件中读取一个字符并送入字符变量 ch。如果在调用该函数读字符时遇到文件结束符，则函数返回一个文件结束标志。如果想要从一个磁盘文件顺序读出字符并显示在屏幕上，可以通过以下程序段实现：

```
ch = fgetc(fp);
while(ch! = EOF)
{
    cout << ch;
    ch = fgetc(fp);
}
```

EOF 是一个符号常量，其值为 -1，它不是可输出的字符，在文件中起到一个文件结束标志的作用，像字符串中的'\0'一样。当读入的字符为 EOF 时，表示文件到此结束。

对于 fgetc 函数的使用有以下几点说明：

（1）在 fgetc 函数调用中，读取的文件必须是以读或读写方式打开的。

（2）读取字符的结果也可以不向字符变量赋值，例如："fgetc(fp);"，但是读出的字符不能保存。

（3）在文件内部有一个读写位置指针，用来指向文件的当前读写字节。在文件打开时，该指针总是指向文件的第一个字节。使用 fgetc 函数后，该位置指针将向后移动一个字节。因此可连续多次使用 fgetc 函数，读取多个字符。应注意文件指针和文件的位置指针不是一回事。文件指针是指向整个文件的，须在程序中定义说明，只要不重新赋值，文件指针的值是不变的。文件的位置指针用以指示文件的当前读写位置，每读写一次，该指针均向后移动，它不需要在程序中定义说明，而是由系统自动设置的，它对用户是透明的，无须用户关心。

（4）为了书写方便，系统将 fgetc 定义为宏名 getc：

♯define getc(ch,fp)　　fgetc(ch,fp)

这是在 stdio.h 中定义的，所以用 getc 和 fgetc 是一样的，一般将它们作为相同的函数对待。

实例 10-2　将文件 m52.c 中的内容输出到屏幕上。

分析：文件打开方式应为"r"，可以循环读入一个个字符并将其输出到屏幕，直到遇到文件结束标志。

```
♯include<stdio.h>
♯include<stdlib.h>
♯include<iostream.h>
int main( )
{
    FILE *fp;
    char ch;
    if((fp = fopen("m52.c","r")) == NULL)
    {
        cout <<"Cannot open file press any key to exit! \n";
        exit(0);
    }
    while((ch = fgetc(fp))! = EOF)
        cout << ch;
    fclose(fp);
    return 0;
}
```

运行结果如图 10-2 所示。

程序定义了文件指针 fp，以读文本文件方式打开文件"m52.c"，并使 fp 指向该文件。如打开文件出错，给出提示并终止程序。在程序中读入字符并存放到字符变量中，同时要进行循环条件的判定，循环体输出字符，只要读出的字符不是文件结束标志（每个文本文件末都有一个结束标志 EOF）就把该字符显示在屏幕上。每读一次，文件内部的位置指针向后移动一个字符，文件结束时，该指针指向 EOF。判断文件结束还有一个专用函数 feof，其调

```
#include <stdio.h>
#include <string.h>
int main( )
{
 char s[20],t;
 int i,j;
 gets(s) ;
 for(i=0,j=strlen(s)-1;i<j;i++,j--)
  { t=s[i];  s[i]=s[j];  s[j]=t; }
 puts(s);
 return 0;
}
```

图 10-2　实例 10-2 运行结果

用格式为：feof(文件指针)，若其返回值为 1 表示文件结束，返回 0 表示文件未结束，这个函数适用于文本文件与二进制文件结束的判定。使用此函数可将上例的循环修改如下：

```
while(!feof (fp))
{
  ch = fgetc(fp);
  cout << ch;
}
```

由于在打开文件时文件名中没有给出文件的路径，系统默认其路径为当前用户所使用的子目录（即源文件所在的目录），故运行此程序时在当前目录下应该有 m52.c 文件。本章其他例题在打开文件时均不指定路径。

2. fputc 函数

fputc 函数的作用是把一个字符写入文件指针指向的文件中，其函数调用的一般形式为

fputc(字符,文件指针);

其中待写入的字符可以是字符常量或变量，例如：fputc('a',fp);其意义是把字符 a 写入 fp 所指向的文件中。

对于 fputc 函数的使用需要说明几点：

(1) 被写入的文件可以用写、读写、追加方式打开，用写或读写方式打开一个已存在的文件时将清除原有的文件内容，写入字符从文件首开始。如需保留原有文件内容，希望写入的字符从文件尾开始存放，必须以追加方式打开文件。被写入的文件若不存在，则创建该文件。

(2) 每写入一个字符，文件内部位置指针向后移动一个字节。

(3) fputc 函数有一个返回值，如输出成功则返回写入的字符，否则返回一个 EOF。可用此来判断写入是否成功。

(4) 为了书写方便，系统将 fputc 定义为宏名 putc：

#define putc(ch,fp)　fputc(ch,fp)

这是在 stdio.h 中定义的，所以用 putc 和 fputc 是一样的，一般将它们作为相同的函数对待。

实例 10-3　从键盘输入一行字符，写入文件 string，再把该文件内容读出显示在屏幕上。

分析:循环输入字符,将字符通过 fputc 函数写入文件。将文件的位置指针返回文件起始处之后,再循环使用 fgetc 函数将文件内容读出显示。

```
#include<stdio.h>
#include<stdlib.h>
#include<iostream.h>
int main( )
{
  FILE *fp;
  char ch;
  if((fp = fopen("string","w+")) == NULL)
  {
    cout <<"Cannot open file press any key to exit!";
    exit(0);
  }
  while((ch = getchar( ))!= '\n')
    fputc(ch,fp);
  rewind(fp);
  while((ch = fgetc(fp))!= EOF)
    cout << ch;
  cout <<"\n";
  fclose(fp);
  return 0;
}
```

运行结果如图 10-3 所示。

```
glad to see you
glad to see you
```

图 10-3　实例 10-3 运行结果

字符串写入完毕后,位置指针已指向文件末,如要把文件从头读出,须把位置指针移到文件起始处,rewind 函数可以实现此功能。getchar 函数用于从键盘输入一个字符,将其放在循环条件中限定当输入遇回车时结束。

3. fgets 函数

fgets 函数的作用是从指定的文件中读一个字符串到字符数组中,其函数调用的一般形式为:

　　fgets(字符数组名,n,文件指针);

其中的 n 是一个正整数,表示从文件中读出的字符串不超过 n−1 个字符,在串的最后一个字符后加上串结束标志 '\0',在读出 n−1 个字符之前,如遇到了换行符或 EOF,则结束读操作。例如:fgets(str,n,fp);的意义是从 fp 所指的文件中读出 n−1 个字符送入字符数组 str 中。fgets 函数也有返回值,其返回值是字符数组的首地址,如果一开始就遇到文件尾或读数据出错,则返回 NULL。

实例 10-4 从 m52.c 文件中读入一个含 10 个字符的字符串。

分析:用 fgets 函数从文件读出串到一个字符数组中,再用 puts 函数输出即可。

```
#include <stdio.h>
#include <stdlib.h>
#include <iostream.h>
int main( )
{
    FILE *fp;
    char str[11];
    if((fp = fopen("m52.c","r")) = = NULL)
    {
        cout <<"Cannot open file press any key to exit!";
        exit(0);
    }
    fgets(str,11,fp);
    puts(str);
    fclose(fp);
    return 0;
}
```

运行结果如图 10-4 所示。

```
#include
```

图 10-4 实例 10-4 运行结果

4. fputs 函数

fputs 函数的作用是向指定的文件写入一个字符串,其函数调用的一般形式为:

    fputs(字符串,文件指针);

其中字符串可以是字符串常量,也可以是字符数组名或指针变量,例如:fputs("abcd",fp);其意义是把字符串"abcd"写入 fp 所指的文件之中。若输出成功函数值为 0,失败时为 EOF。

实例 10-5 在实例 10-3 中已建立的文件 string 尾部添加一个字符串。

分析:在已存在的文件尾部添加内容时打开文件方式应为"a",本题在添加之后还需要从文件将其所有内容读出显示在屏幕上,所以打开文件方式应设置为"a+"。先将输入的串追加到文件尾,将位置指针移回到文件起始处后再循环使用函数 fgetc 将文件中的字符读出。

```
#include <stdio.h>
#include <stdlib.h>
```

```
#include<iostream.h>
int main( )
{
  FILE *fp;
  char ch,s[20];
  if((fp = fopen("string","a+")) == NULL)
  {
    cout <<"Cannot open file press any key to exit! ";
    exit(0);
  }
  cin >> s;
  fputc('\n',fp);
  fputs(s,fp);
  rewind(fp);
  cout <<"\n ";
  while((ch = fgetc(fp))! = EOF)
    cout << ch;
  cout <<"\n ";
  fclose(fp);
  return 0;
}
```

运行结果如图 10-5 所示。

```
input a string:
hello

glad to see you
hello
```

图 10-5　实例 10-5 运行结果

5. fread 函数 和 fwrite 函数

在程序中不仅需要一次输入输出一个数据,而且常需要一次输入输出一组数据,例如数组或结构体变量的值,C 语言允许用 fread 函数从文件中读一个数据块,用 fwrite 函数向文件写一个数据块。前面四个函数是用于文本文件的读写函数,这两个函数一般用于二进制文件的输入输出,在读写时是以二进制形式进行的,在向磁盘写数据时,直接将内存中一组数据原封不动、不加转换地复制到磁盘文件中,读入时也是将磁盘文件中若干字节的一组数据原样读入内存。

读数据块函数调用的一般形式为:
fread(buffer,size,count,fp);
写数据块函数调用的一般形式为:
fwrite(buffer,size,count,fp);

其中 buffer 是一个指针,在 fread 函数中,它表示存放输入数据的首地址,在 fwrite 函数中,它表示存放输出数据的首地址。size 表示数据块的字节数,count 表示要读写的数据块个数,fp 表示文件指针。例如:fread(fa,4,5,fp);其意义是从 fp 所指的文件中,每次读 4 个字节(一个实数)送入实型数组 fa 中,连续读 5 次,即读 5 个实数到 fa 中。如果 fread 或 fwrite 函数执行成功,则函数返回形参 count 的值,即输入或输出数据项的个数。

实例 10-6 从键盘输入两个学生数据,写入一个文件中,再将其读出显示在屏幕上。

分析:可以定义两个结构体数组 a 和 b,定义两个指针变量 p 和 q,分别指向两个数组,先用 p 将两个学生数据输入到数组 a,再用 fwrite 函数通过 p 将学生数据写入文件。可以用 fread 函数通过 q 将其读出到数组 b,最后用 q 将数组 b 中的学生数据输出。程序应以读写方式打开二进制文件。

```cpp
# include <stdio.h>
# include <stdlib.h>
# include <iomanip.h>
# include <iostream.h>
struct stu
{
  char name[10];
  int num;
  int age;
  char addr[15];
}a[2], b[2], *p, *q;
int main( )
{
  FILE *fp;
  int i;
  p = a;
  q = b;
  if((fp = fopen("stulist","wb+")) == NULL)
  {
    cout <<"Cannot open file press any key to exit! \n";
    exit(0);
  }
  cout <<"\ninput data:\n";
  for (i = 0;i < 2;i ++ ,p ++ )
      cin >> p -> name >> p -> num >> p -> age >> p -> addr;
  p = a;
  fwrite(p,sizeof(struct stu),2,fp);
  rewind(fp);
  fread(q,sizeof(struct stu),2,fp);
```

```
        cout <<"\n\n      name "<<"      number "<<"  age "
              <<               addr\n ";
        for ( i = 0; i < 2; i + + , q + + )
            cout << setw(8)<< q -> name << setw(10)<< q -> num
                 << setw(4)<< q -> age << setw(15)<< q -> addr <<"\n ";
        fclose(fp);
        return 0;
    }
```

本程序以读写方式打开二进制文件"stulist",输入两个学生数据之后,写入该文件中,然后把文件位置指针移到文件首,读出两个学生数据后,在屏幕上显示。运行结果如图10-6所示。

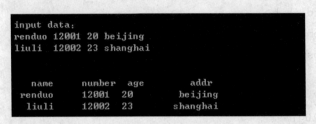

图 10-6　实例 10-6 运行结果

10.2.4　其他文件处理函数

前面介绍的对文件的读写方式都是顺序读写,即读写文件只能从头开始,顺序读写各个数据。但在实际问题中常要求只读写文件中某一指定的部分。为了解决这个问题可移动文件内部的位置指针到需要读写的位置,再进行读写,这种读写称为随机读写。实现随机读写的关键是要按要求移动位置指针,这称为文件的定位。每个文件都有一个位置指针,指向当前读写的位置。若顺序读写一个文件,每次读写完一个字符后,该位置指针自动移动指向下一个字符。如果想要人为地改变它的这种移动规律,强制使位置指针指向其他指定位置,可以使用以下几种函数。通过这些函数的使用,可以实现文件的随机读写。

文件定位位置指针的函数主要有两个:rewind 函数和 fseek 函数。

1. rewind 函数

rewind 函数前面已多次使用过,其函数调用的一般形式为:

rewind(文件指针);

其作用是把文件的位置指针移到文件的起始处,此函数没有返回值。

2. fseek 函数

fseek 函数用来移动文件位置指针,其函数调用的一般形式为:

fseek(文件指针,位移量,起始点);

其中文件指针指向被处理的文件。位移量指以起始点为基点,向后移动的字节数,大多数 C 版本要求位移量是 long 型数据,使用常量时应在后面加后缀"L"。当位移量为负时,表示向前移动位置指针。规定的起始点有三种:文件首、当前位置和文件尾,其表示方法如

表 10-2 所示。

表 10-2 起始点符号常量与数字表示方法

起始点	表示符号	数字表示
文件首	SEEK-SET	0
当前位置	SEEK-CUR	1
文件尾	SEEK-END	2

fseek 函数调用示例如下：

```
fseek(fp,100L,0);        /* 把位置指针移到文件首后 100 个字节处 */
fseek(fp,10L,1);         /* 把位置指针移到当前位置后 10 个字节处 */
fseek(fp,-30L,2);        /* 把位置指针移到文件尾前 30 个字节处 */
```

fseek 函数一般用于二进制文件。移动位置指针之后，即可用前面介绍的读写函数对文件进行随机读写。由于一般是针对二进制文件读写一个数据块，因此常用 fread 和 fwrite 函数。

实例 10-7 从实例 10-6 中建立的学生文件 stulist 中读出第二个学生的数据。

分析：文件 stulist 已由实例 10-6 的程序建立，本程序用随机读出的方法读出第二个学生的数据。定义 boy 为结构体变量，qq 为指向 boy 的指针。以读二进制文件方式打开文件并移动文件位置指针。应从文件头开始，移动一个结构体类型的长度，然后读出的数据即为第二个学生的数据。

```cpp
# include <stdio.h>
# include <stdlib.h>
# include <iomanip.h>
# include <iostream.h>
struct stu
{
  char name[10];
  int num;
  int age;
  char addr[15];
}boy, *qq;
int main()
{
  FILE *fp;
  int i = 1;
  qq = &boy;
  if((fp = fopen("stulist","rb")) == NULL)
  {
    cout <<"Cannot open file press any key to exit! \n";
    exit(0);
```

```
}
fseek(fp,i*sizeof(struct stu),0);
fread(qq,sizeof(struct stu),1,fp);
cout <<"\n\n    name "<<"    number "<<"  age "
     <<"           addr\n ";
cout << setw(8)<< qq -> name << setw(10)<< qq -> num
     << setw(6)<< qq -> age << setw(15)<< qq -> addr;
cout <<"\n ";
fclose(fp);
return 0;
}
```

运行结果如图 10-7 所示。

```
name     number   age      addr
liuli    12002    23       shanghai
```

图 10-7   实例 10-7 运行结果

思考和练习题

一、选择题

1. 以下表示文件指针变量的是(   )。

A. FILE fp;　　　　B. file fp;　　　　　C. FILE *fp;　　　D. file *fp;

2. 文件结束时,函数 feof 的值是(   )。

A. 0　　　　　　　　B. 1　　　　　　　　C. NULL　　　　　D. EOF

3. 以下哪个不是文件的打开方式?(   )

A. a　　　　　　　　B. wb　　　　　　　C. r+　　　　　　 D. rw

4. 当在程序中使用 exit 函数时,应在程序首部包含文件(   )。

A. stdio. h　　　　　B. math. h　　　　　C. stdlib. h　　　 D. string. h

5. 要打开当前目录下名为 salary 的二进制文件,用于读和追加写,则调用打开文件函数的格式为(   )。

A. fopen("salary ","r +")　　　　　　　　B. fopen("salary ","ab")

C. fopen("salary ","rb")　　　　　　　　D. fopen("salary ","ab +")

6. 将 fp 所指向文件的位置指针置于文件尾,正确的语句是(   )。

A. feof(fp);　　　　　　　　　　　　　　B. rewind(fp);

C. fseek(fp,0L,0);　　　　　　　　　　　D. fseek(fp,0L,2);

7. fp 是文件指针,以下函数调用正确的是(   )。

A. fputc(fp,ch);　　　　　　　　　　　　B. fread(fp,4,1,b);

C. fputc(fp); D. fgets(s,10,fp);

8. 在 fseek 函数调用中表示起始点为当前位置的值为( )。

A. 0 B. 1 C. 2 D. -1

二、填空题

1. 将 fp 所指文件的位置指针移到文件起始处,可以通过函数调用_____实现。

2. 在对文件的操作结束后,必须用_____函数关闭文件。

3. 打开二进制文件用于读操作,那么打开方式应是_____。

4. 将单精度型数组 a 的 10 个元素写入 fp 所指向的文件,应使用函数调用_____。

5. 打开文件失败时 fopen 函数返回值为_____。

6. fseek(fp,-10L,1);的作用是_____。

三、判断题

1. fputc 函数的功能是向文件输出一个字符。 ( )

2. feof 函数可以用于检测文件是否结束。 ( )

3. 对文件的操作可以不借助文件指针。 ( )

4. 当遇到文件内容为 EOF 时说明文件结束。 ( )

5. 使用"w"方式打开文件允许文件不存在。 ( )

四、写出运行结果

文件 f1 中的内容有:fgetc fputc fgets fputs

```
#include<stdio.h>
#include<iostream.h>
intmain( )
{
  FILE *fp;
  char c;
  fp = fopen("f1"," r");
  while(! feof(fp))
  {
    c = fgetc(fp);
    cout << c;
  }
  fclose(fp);
  return 0;
}        结果:_____
```

五、程序填空

文件 f1.c 已存在,下列程序将 f1.c 复制到文件 f2.c。

```
#include<stdio.h>
#include<stdlib.h>
#include<iostream.h>
```

```
int main( )
{
    FILE *fp1, *fp2;
    char ch;
    if((fp1 = fopen("f1.c","r")) == NULL)
    {
        cout <<" Cannot open file press any key to exit! ";
        exit(0);
    }
    if((fp2 = fopen("f2.c","w")) == NULL)
    {
        cout <<" Cannot open file press any key to exit! ";
        exit(0);
    }
    while( _____ )
    {
        cout << ch;
        _____
    }
    cout <<"\n";
    fclose(fp);
    return 0;
}
```

六、程序设计题

1. 统计某文本文件中的句子个数。

2. 从键盘输入一个字符串,将小写字母转换为相应的大写字母,将结果输出到文件中。

3. 有两个文件 fa 和 fb,将这两个文件合并为一个按字母降序排列的新文件 fc。

4. 给实例 10-6 中建立的文件 stulist 添加 5 个学生的信息。

5. 有 10 个学生,每个学生有 3 门课程的成绩,从键盘输入学生数据(包括学号、姓名、3 门课成绩),计算出总成绩。将原有数据与总成绩存放在文件中。

第11章
C的扩展C++

本章导读

C++既支持面向过程的程序设计,又支持面向对象的程序设计,C++是一个功能强大的混合型程序设计语言。在面向过程的设计中,C++增加了新的输入输出、新的数据类型、新的运算符和新的函数内容。本章主要讲解C++输入输出的格式化控制,动态内存分配与释放,引用的概念和应用,const 修饰符的使用,内联函数、缺省参数函数和重载函数的功能,字符串的处理功能。

本章要点

➢ 了解 C++的新特点和 C++的输入输出格式控制。
➢ 掌握引用和 const 修饰符。
➢ 掌握函数的新内容。
➢ 理解动态内存分配与释放。
➢ 了解 string 类的定义和使用。

11.1   C 的扩展 C++

11.1.1   实例解析

通过 C++函数的新增内容,定义一个可变参数的 C++程序。

实例 11-1   设计一个简单的 C++程序求解某同学 n 门课程考试成绩的平均值,假设最多 5 科成绩(用 C++带缺省参数的函数实现)。

```
# include <iostream. h>
int   score_sum(int a1, int a2 = 0, int a3 = 0, int a4 = 0, int a5 = 0 )
                //带缺省参数的函数定义
{
    int sum;
    sum = a1 + a2 + a3 + a4 + a5;
```

```
    return sum;
}
int main( )
{
  int num, s[6], i;
  double aver;
  cout << "Please input the number of exam subject for student:";
                                              //输入 1—5 的数字
  cin >> num;
  if(num <= 0 || num > 5)                      // 科目个数出错,结束程序运行
  {
    cout << "Inputting the number of    exam subject for student errored。";
                               //输出学生考试科目的个数出错信息
    return -1;
  }
  cout << "please input the score of every subject:";      // 输入每科的成绩
  for (i = 0; i < num; i++)
    cin >> s[i];
  switch(num)
  {
    case 1: aver = score_sum (s[0]); break;
    case 2: aver = score_sum (s[0], s[1])/2.0; break;
    case 3: aver = score_sum (s[0], s[1], s[2])/3.0; break;
    case 4: aver = score_sum (s[0], s[1], s[2], s[3])/4.0; break;
    case 5: aver = score_sum (s[0], s[1], s[2], s[3], s[4])/5.0; break;
    default : aver = 0;
  }
  cout << "The student's average score is:" << aver << endl;
  return 0;
}
```

这是一个带有缺省参数的函数,函数 score_sum 形参表列的形参部分赋予缺省值 0,该函数调用时实参可以是 1~5 个。

运行结果如图 11-1 所示,其中 3、75、85、93 在运行时由用户输入。

```
Please input the number of exam subject for student: 3
please input the score of every subject: 75 85 93
The student's average score is: 84.3333
```

图 11-1 实例 11-1 运行结果

11.1.2　C++的特点

C 程序是结构化和模块化程序,它是面向过程的。C++程序包括面向过程性的结构化机制和面向对象的类机制,它既可以用于结构化程序设计,又可用于面向对象的程序设计,因此它是一种功能强大的混合型程序设计语言。在面向过程性部分,C++与 C 并无本质的差异,用 C 编写的程序可以不加修饰的用于 C++。从 C++的名字可以看出它是对 C 的扩充,是 C 的超集。

当问题比较复杂、程序的规模比较大时,结构化程序设计方法就显出它的不足。C 程序的设计者必须细致地设计程序的每一个细节,准确地考虑到程序在运行时发生的事情,例如各个变量的值是如何变化的,什么时候应该进行哪些输入,在屏幕上应该输出什么等。在 20 世纪 80 年代提出了面向对象的程序设计(Object-Oriented Programming,OOP),在这种形势下,C++应运而生。C++保留了 C 原有的所有优点,又增加了面向对象机制,具有强大的编程功能,可方便地构造出模拟现实问题的实体和操作。

C++不仅讲解了面向对象的程序设计,而且在 C 的基础上做了很大的改变,其特点如下:

(1) C++全面兼容 C,许多 C 代码不经修改就可以直接为 C++所用,用 C 编写的众多库函数和实用软件也可以自由地应用于 C++环境中。

(2) C++是 C 的扩展,也可以说 C 是 C++的子集。例如 C++增加了 C 不具有的数据类型,如 bool 型数据类型和引用。C++中 new 和 delete 是对内存分配的运算符,取代了 C 中的 malloc 和 free。标准 C++中的字符串类取代了 C 标准函数库头文件中的字符数组处理函数。C++中用来控制输入输出的 iostream 类库替代了标准 C 中的 stdio 函数库。

(3) C 的注释可以跨越多行代码,而 C++增加了单行注释,以//开始的内容,到所在的行结束。

(4) C++源程序文件扩展名.cpp,编译器根据扩展名来识别是 C 还是 C++程序。

(5) C++增加了面向对象的编程机制,可以方便地构造出模拟现实问题的实体和操作。

(6) C++程序在可重用性、可扩充性、可维护性和可靠性等方面都较 C 程序得到了提高,使其更适合开发大中型的系统软件和应用程序,如 C++增加了函数的重载、缺省参数的函数。

11.2　C++的输入/输出格式控制

由于 C 的格式化输入输出使用 printf 函数和 scanf 函数实现,其使用方法比较难以掌握。所以在前面的教材中,一直使用 C++中的 cout 和 cin 来实现输入输出,其输入输出的格式都是采用系统默认格式,但是有时也需要按照特定的格式进行输入输出,例如:设定输出的宽度、浮点数的输出精度、按照科学计数法的方式输出等。C++在标准库 iomanip.h 的头文件中提供了标准的操作符函数实现格式化的输入输出,如表 11-1 所示。

表 11-1　标准操作符

操作符	含义	输入/输出
dec	数值数据采用十进制表示	用于输入/输出
hex	数值数据采用十六进制表示	用于输入/输出
oct	数值数据采用八进制表示	用于输入/输出
ws	提取空白字符	用于输入
endl	插入换行符	用于输出
ends	插入\0 字符	用于输出
flush	刷新与流相关联的缓冲区	用于输出
setiosflags(long f)	设置参数所指定的状态标志	用于输入/输出
resetiosflags(long f)	清除参数所指定的状态标志	用于输入/输出
setfill(int c)	设置填充字符	用于输出
setprecision(int n)	设置浮点数输出精度	用于输出
setw(int n)	设置输入/输出宽度	用于输入/输出

1. 设置输入/输出整型数制函数 dec、hex、oct

这 3 个函数的作用与 printf 函数中的%d、%x、%o 相同,用于整数的输入/输出。但在输入时,若输入违例数值,则强制输入一个 0 给变量。

系统默认的是十进制,一旦某个函数设置数制后,在本程序执行过程中直至下一个设置前该设置一直有效,这 3 个操作在标准 C++ iostream.h 头文件中定义。

实例 11-2 设置输出整型数据。

```
# include <iostream.h>
# include <iomanip.h>
int main( )
{
    int number = 1001;
    cout <<"十进制 1001 的十进制数为:"<< dec << number << endl;
    cout <<"十进制 1001 的十六进制数为:"<< hex << number << endl;
    cout <<"十进制 1001 的十六进制数大写为:";
    cout << setiosflags(ios::uppercase)<< number << endl;
    cout <<"十进制 1001 的八进制数为:";
    cout << oct << number << endl;
    return 0;
}
```

setiosflags(ios::uppercase)的功能是控制十六进制数大写输出。该操作符在头文件iomanip.h 中定义。endl 是插入回车换行的功能。

运行结果如图 11-2 所示。

2. 设置输入/输出宽度控制函数 setw(int n)

setw(int n)函数用整型参数来指定输入/输出域的宽度,使用时只对其后的一项输入/输出有效。当用于输出时,若实际宽度小于设置宽度时,数据向右对齐,反之则按实际宽度输出;当用

图 11-2　实例 11-2 运行结果

于输入时,若输入数据的宽度超过设置宽度时,超出的数据部分被截断而且被作为下一项输入的内容。利用此特性可以防止在变量输入时出现越界情况,但用不好也容易出错。

实例 11-3　设置输出宽度。

```
#include <iostream.h>
#include <iomanip.h>
int main( )
{
    int   a = 12345,b = 678,c,d;
    cout << a << setw(6)<< b << setw(4)<< a << b << endl;
    return 0;
}
```

运行结果如图 11-3 所示。

```
12345    67812345678
```

图 11-3　实例 11-3 运行结果

3. 填充字符控制 setfill(int c)

在默认情况下,如果域宽大于数据宽度,填充多余的字符是空格。如果要改变填充字符,可以使用填充控制函数 setfill(int c)。设置填充字符后,将对程序后面的输出代码产生永久影响,直到下一次改变填充字符为止。

实例 11-4　使用 setfill(int c)控制域宽。

```
#include <iostream.h>
#include <iomanip.h>
int main( )
{
    double   a[] = {6.1,12345.6789,1.166,4164.66};
    int i;
    cout << setfill('*');
    for(i = 0;i <= 3;i ++ )
    cout << setw(10)<< a[i]<< endl;
    return 0;
}
```

运行结果如图 11-4 所示。

```
*******6.1
***12345.7
*****1.166
***4164.66
```

图 11-4　实例 11-4 运行结果

4. 输出精度控制 setprecision(int n)

setiosflags(ios::fixed)是用定点方式表示实数,setiosflags(ios::scientific) 是用科学计数法表示实数。setprecision(int n)控制函数用来指明显示时浮点数的有效位数,如果和setiosflags(ios::fixed)合用,可以控制小数点右边的数字个数;而与 setiosflags(ios::scientific) 合用,可以控制科学计数法的小数位数。设置后直到下一次设置将一直有效。

实例 11-5　使用 setprecision(int n) 控制输出精度。

```cpp
#include <iostream.h>
#include <iomanip.h>
int main( )
{
    double  f = 3.1415926575;
                        //在用浮点表示的输出中,setprecision(n)表示有效位数
    cout << f << endl;        // 默认的有效位数为 6
    cout << setprecision(0)<< f << endl;
                        // 最小的有效位数为 1
                        // 在用定点表示的输出中,setprecision(n)表示小数位数
    cout << setiosflags(ios::fixed);
    cout << setprecision(8)<< f << endl;
    cout << setprecision(6);                        // 重新设置成原默认设置
                        //在用科学计数法表示的输出中,setprecision(n)表示小数位数
    cout << setiosflags(ios:: scientific);
    cout << setprecision(8)<< f << endl;
    cout << setprecision(6);                        // 重新设置成原默认设置
    return 0;
}
```

C++默认的流输出数值有效位是 6。

运行结果如图 11-5 所示。

```
3.14159
3
3.14159266
3.1415927
```

图 11-5　实例 11-5 运行结果

11.3 引用和 const 修饰符

11.3.1 引用

引用是 C++ 对 C 的重要扩充,它的作用就是为某一变量起一个别名。当声明一个引用时,应该把它初始化为另一个对象名,即目标变量,这时引用就成为目标变量的别名。不论对哪个变量修改,其实都是对同一内存地址对应内容的修改,它们总是具有相同的值,所有对引用的操作与对目标变量直接操作完全一样。好比有个同学的名字叫"王丽",她同时有个绰号叫"小猪",那么班里的同学都明白,叫"王丽"和"小猪"实际上都是指同一个人,这和引用的概念类似。

引用的声明格式如下:

数据类型 &引用名=目标变量名;

其中数据类型必须和目标变量名的数据类型一致。

实例 11-6 利用引用修改变量的值。

```
#include <iostream.h>
int main( )
{
    int num = 50;
    int &ref = num;
    cout <<" num = "<< num <<",ref = "<< ref << endl;
    num = num + 20;              // 改写变量
    cout <<" num = "<< num <<",ref = "<< ref << endl;
    ref = ref * 2;              // 改写引用
    cout <<" num = "<< num <<",ref = "<< ref << endl;
    return0;
}
```

在上面的例子里,定义了一个整型变量 num,然后声明了一个引用 ref,其中 & 不是求地址运算符,是声明引用的操作符。引用的声明必须初始化,如写成 int &ref;ref=num;是错误的,引用也不可以重新赋值,不可作为另一个变量的别名。引用不是新定义了一个变量,也不是一种数据类型,因此引用本身不占存储单元,系统也不给引用分配存储单元。

运行结果如图 11-6 所示。

```
num=50,ref=50
num=70,ref=70
num=140,ref=140
```

图 11-6 实例 11-6 运行结果

引用并不是变量,只是一个变量的别名,引用的使用在一定程度上也是受到限制的。不能建立数组的引用。例如:int a[10];int &ra=a;这是错误的,因为数组是一个由若干个元素所组成的集合,数组名是数组空间的首地址,本身并不是一个变量,所以无法建立一个数组的别名。

C++提供了引用,主要的用途之一是建立函数参数的引用传递方式,在C中函数参数实现双向传递是通过指针作为函数参数实现的,在理解和掌握方面给学生带来了很大的困难,而通过引用传递方式,我们不用指针也能够改变实参的值。

实例 11-7 利用引用作为函数参数实现两科成绩的交换。

```cpp
#include <iostream.h>
void   swap(int &ra,int &rb)
{
    int temp;
    temp = ra;ra = rb;rb = temp;
}
int main( )
{
    int a = 5,b = 9;
    cout <<" swap 函数调用之前的信息:a = "<< a <<",b = "<< b << endl;
    swap(a,b);
    cout <<" swap 函数调用之后的信息:a = "<< a <<",b = "<< b << endl;
    return 0;
}
```

通过上面的例子可以看到,函数的形参定义使用引用,实参的传递使用变量名本身。运行结果如图 11-7 所示。

C++引入引用的主要目的是建立某种类型的虚实体,这种虚实体不占有实际的存储空间。它作为函数的参数时,保证把实体的地址,而不是把实体本身传递给参数,但是使用引用使人觉得直接而实在。

```
swap函数调用之前的信息:a= 5, b=9
swap函数调用之后的信息:a= 9, b=5
```

图 11-7   实例 11-7 运行结果

11.3.2   const 修饰符

在 C 程序中一般使用宏定义"#define"来定义符号常量,在 C++中建议使用 const 修饰符来定义符号常量,const 允许编译器对其类型进行检查并可改善程序的可读性,定义的一般格式如下:

const 数据类型   符号常量名 = 表达式;

定义常量的主要目的是防止程序对该值进行改变,所以经 const 修饰的符号常量在定义时必须初始化,且在程序的运行过程中不能改变,也不能放在赋值号的左边。

系统执行符号常量定义语句也同执行变量定义语句一样,需要为符号常量分配存储单元并赋初值,但该存储空间是只读的,不能修改。

例如:

```
const float PI = 3.14159;          // 正确
const float PI;
PI = 3.14159;                      // 错误
```

11.4　内存空间的动态分配与释放

在软件开发中,常常需要动态地分配和撤销内存空间。在 C 程序中主要利用库函数 malloc 和 free 分配和撤销内存空间。但是使用 malloc 函数必须指定需要开辟的内存空间大小。其调用形式为 malloc(分配内存大小的字节数)。sizeof 运算符的功能是测试给定数据类型占内存的字节数。此外,malloc 函数只能从用户处知道应开辟空间的大小,无法使其申请到的空间的指针指向具体的类型,所以返回的指针类型一律处理为 void 类型,当用户使用时,必须根据实际情况进行强制类型转换,才能使其返回的指针指向具体的数据类型。C++提供了使用简单而功能强大的动态存储空间的分配和释放运算符 new 和 delete 替代 malloce 和 free 函数。

11.4.1　new 运算符

new 是 C++的一个关键字,被当作像 ＋、－、＊、／一样的运算符。它的操作结果是申请一段指定数据类型大小的内存。使用 new 运算符分配的空间必须是已经定义的数据类型,系统主动计算指定数据类型需要的内存空间大小,new 运算符向内存申请足够的存储空间,如果申请成功,则返回该内存块的首地址,并返回正确的指针类型;如果申请不成功,则返回 0 值。

使用 new 运算符一般有以下几种格式:

格式一:指针变量名＝new 数据类型

格式二:指针变量名＝new 数据类型(初始值)

格式三:指针变量名＝new 数据类型[内存单元个数]

格式一和格式二都是申请分配某一数据类型所占字节数的内存空间,但格式二在内存分配成功后同时将一初始值存放到该内存单元中。格式三可以同时分配若干个内存单元,相当于一个动态数组。

实例 11-8　利用 new 动态申请存储空间。

```
# include <iostream. h>
# include <string. h>
int main( )
{
    char *pname, *psex;         // 定义指向性别,姓名的指针
    int *page;                  // 定义指向年龄的指针
    pname = new char[20];       // 通过指针指向动态分配的内存首地址
    psex = new char ;
    page = new int(18);
```

```
*psex = 'F';
strcpy(pname, "王丽");
cout << "用户输入的信息如下:" << endl;
cout << "姓名 = " << pname << endl;
cout << "性别 = " << *psex << endl;
cout << "年龄 = " << *page << endl;
return 0;
}
```

运行结果如图 11-8 所示。

在上例中定义了 3 个字符指针 psex、pname
和整型指针 page,在程序中通过 new 运算符申
请了一个字符存储空间和一个整型数据存储空
间,让 psex 和 page 分别指向这两个存储空间的

图 11-8　实例 11-8 运行结果

内存地址,在申请整型数据存储空间的同时还通过 new 运算符为这个空间赋初值 18;利用
new 运算符申请了一个 10 个字节大小的内存区域,然后 pname 指向该内存区域的首地址,
接着用库函数 strcpy 向这块空间复制了字符串,字符串复制函数在 C 标准库函数的
"string.h"中,所以在程序的开头插入文件包含命令 ♯ include <string.h>。

11.4.2　delete 运算符

使用 new 运算符分配的空间一定要用 delete 运算符进行释放,否则会产生系统内存泄
漏。在实例 11-8 中,当该函数或者程序执行完毕后,系统定义的指针变量将会自动释放,但
是由于它们指向的内存空间是由 new 运算符申请的,该内存不会因为程序结束自动释放,
那么该内存既不能释放,也不能再次被使用,除非系统重启。因此若动态内存分配使用完
毕,一定要负责将分配的内存释放,即释放所占用的存储空间。

使用 delete 运算符有以下几种格式:

格式一:delete　指针变量名

格式二:delete　[]指针变量名

delete 运算符的操作数应该是 new 运算符返回的指针。如果是释放数组空间,则应该
加上[]。下面修改实例 11-8,给它们添加释放内存的操作。

```
♯ include <iostream.h>
♯ include <string.h>
int main( )
{
    char *pname, *psex;        // 定义指向性别,姓名的指针
    int *page;                 // 定义指向年龄的指针
    pname = new char[20];      // 通过指针指向动态分配的内存首地址
    psex = new char ;
    page = new int(18);
    *psex = 'F';
```

```
strcpy(pname,"王丽");
cout <<"用户输入的信息如下:"<< endl;
cout <<"姓名 = "<< pname << endl;
cout <<"性别 = "<< *psex << endl;
cout <<"年龄 = "<< *page << endl;
if(pname)
  delete pname;              // 释放 pname 所指的内存空间
if(psex)
  delete psex;               // 释放 psex 所指的内存空间
if(page)
  delete page;               // 释放 page 所指的内存空间
return 0;
}
```

通过上例可以看出,delete 只能释放由于 new 返回的指针;对于一个指针只能使用一次 delete 操作;指针变量名前只用一对方括号,忽略方括号内任何的数字。

11.5　使用 string 类定义和存储字符串

现实工程中的软件设计都会涉及文本信息的处理,在 C 程序中没有专门的字符串变量,字符串的处理通常用一个字符数组或字符指针来完成。C++的标准程序库提供的 string 类解决了文本处理的难题。

要想使用标准 C++中 string 类,必须包含如下预处理命令:

\# include < string >

using namespace std;

由于 string 是 C++类,所以不可写为< string. h >,带. h 的是 C 中的头文件。using namespace std;是指标准命名空间。

利用 string 类声明一个字符串变量的格式如下:

格式一:string s;

格式二:string s(str)

为了方便,在这种方式下定义的 string 类,我们称为字符串变量。格式一只是定义一个空字符串 s,格式二在定义字符串的同时赋值 str,其中 str 可以是一个字符串变量,也可以是字符串常量。

在 string 类中,不必再为是否能够容纳足够的字符而担心,在字符串运算的处理过程中,系统会自动分配足够的空间给目标串。string 类利用重载运算符的功能,可以使用 +、=、==、<、>等运算符操作字符串对象,使得字符串的连接、复制和比较不再需要函数,使运算更加方便,而且不易出错。

实例 11-9　利用 C++ string 类实现字符串的操作。

\# include <string >

```
# include <iostream>
using namespace std;
int main( )
{
    string str1("How are you? ");
    string str2 = "Where are you! ";
    string str3;
    cout << str1[0] << str1[11] << ", " << str1 << endl;
    cout << str2[0] << str2[11] << ", " << str2 << endl;
    cout << "Please input string:";                         // 输入一个字符串
    cin >> str3;
    cout << "The string is: " << str3 << endl;
    cout << "The string length is:" << str3.size() << endl;  // 输出字符串长度
    str3 = str1 + str2;                                      // 字符串连接
    cout << "str1 + str2 is:    " << str3 << endl;
    cout << "The string length is:" << str3.size() << endl;
    return 0;
}
```

在本例中，"iostream"原本是 C++的类，所以在 using namespace std;标准命名空间方式下，预处理命令改写为 # include < iostream >。

运行结果如图 11-9 所示，其中第一个 happy 是由用户输入的。

```
H?,  How are you?
Wo,  Where are you!
Please input string: happy

The string is:  happy
The string length is: 5

str1+str2 is:  How are you?Where are you!
The string length is: 26
```

图 11-9 实例 11-9 运行结果

通过上例可以看出，利用 string 类，字符串的处理变得简单了，但并不是说 C++增加了字符串类型，而是通过 C++ 的类机制和重载运算符功能使得一些复杂操作封装起来。

11.6 C++函数的新内容

在 C 程序中，函数名必须是唯一的，不允许出现同名函数，例如求一个数的绝对值，整数和实数的绝对值方法是一样的，但必须用多个函数实现，而且函数的名字不能一样。再比如实现个数不确定的整数求和函数。在 C 程序中要求函数参数的个数和类型是一致的，针对 C 程序函数应用的局限，C++在函数的应用中增加了函数的重载、带缺省参数的函数和内联函数等许多新的内容。

11.6.1 重载函数

重载函数通常用来命名一组功能相似的函数,函数重载是指在同一作用域内,可以有一组具有相同函数名,不同参数列表的函数,这组函数被称为重载函数。这样做减少了函数名的数量,对于增强程序的可读性有很大的好处。例如,要求编写求整数和实数的绝对值,就需要编写 2 个函数,利用函数的重载可以编写 2 个同名的重载函数。

实例 11-10 求解整数和实数绝对值的重载函数。

```cpp
#include <iostream.h>
int fun_abs(int n) // 求整数绝对值函数
{
  if(n >= 0)
    return n;
  else
    return -n;
}
double fun_abs(double n)  // 求实数绝对值重载函数
{
  if(n >= 0)
    return n;
  else
    return -n;
}
int main()
{
  cout <<" The absolute value of the integer 5 is "<< fun_abs(5) << endl;
  cout <<" The absolute value of the integer -5 is "<< fun_abs(-5) << endl;
  cout <<" The absolute value of the real 5.8 is "<< fun_abs(5.8) << endl;
  cout <<" The absolute value of the real -5.8 is "<< fun_abs(-5.8) << endl;
  return 0;
}
```

运行结果如图 11-10 所示。

```
The absolute value of the integer 5 is5
The absolute value of the integer -5 is 5
The absolute value of the real 5.8 is 5.8
The absolute value of the real -5.8 is 5.8
```

图 11-10 实例 11-10 运行结果

重载函数利用函数名一致,函数的参数类型或个数不同来实现重载。在 C++ 中,用户函数的重载要求函数的参数类型或函数的参数个数不同,或两者兼有,仅有函数类型的不一样不能用函数的重载实现。在调用重载函数时,编译器根据函数实参和形参——比较来判定调用哪一个函数。

实例 11-11 利用重载函数求 n 门课程的平均值(n 的值为 3 和 4)。

```
#include <iostream.h>
int fun_sum(int s1,int s2, int s3)                    // 求解三科成绩总和函数
{
    return s1 + s2 + s3;
}
int fun_sum(int s1, int s2, int s3, int s4)           // 求解四科成绩总和重载函数
{
    return s1 + s2 + s3 + s4;
}
int main( )
{
    int num,s [6],i;
    double aver;
    cout <<" Please input the number of exam subject for student:";
    //输入 3 或 4
    cin >> num;
    cout <<" please input the score of every subject:";    // 输入每科的成绩
    for(i = 0;i < num; i ++)
        cin >> s[i];
    if(num == 3)
        aver = fun_sum (s [0], s [1], s [2])/3.0;
    else if(num == 4)
            aver = fun_sum (s[0],s[1],s[2],s[3])/4.0;
        else
            {
                cout <<" Input information error! " << endl;
                return - 1;
            }
    cout <<" The everage score of the students is:"<< aver << endl;
    return 0;
}
```

运行结果如图 11-11 所示,其中数据 3、75、85、93 是由用户输入的。

```
Please input the number of exam subject for student: 3
please input the score of every subject: 75 85 93
The everage score of the students is: 84.3333
```

图 11-11 实例 11-11 运行结果

11.6.2 带缺省参数的函数

带缺省参数的函数同函数重载一样,给程序员提供了很多方便,都使我们可以在不同的场合使用同一个名字。缺省参数是在函数声明时就已给定一个值,也就是在形参表列中对一个或几个形参指定缺省值(或默认值),如果我们在调用函数时没有指定这一参数的值,编译器就会自动地将这一参数取作所指定的缺省值。

带缺省参数函数的首部定义为如下形式:

void fun(int a,int b,int c = 10,int d = 8)

在调用函数时如写成 fun(2,3,4,5),则形参 a,b,c,d 的值分别为 2,3,4,5。与普通函数一样。如果写成 fun(2,3,4),即少写了最后一个参数,由于在函数定义时已经指定了 d 的缺省值为 8,因此形参 a,b,c,d 的值分别为 2,3,4,8。

在实例 11-1 和实例 11-11 中分别用带缺省参数的函数和重载函数实现考试科数不确定的学生平均成绩,可以看出在某些方面这两个函数都可以实现,有时候带缺省参数的函数更简单一些,但有些情况下是不能互换的,比如学生的成绩要求既可以是整数,也可以是实数,就只能利用重载函数实现。

在使用缺省参数的函数时必须注意以下几点:

(1) 赋予缺省值的参数必须放在形参列表的最右端。

例如:void fun(int a=5,int b,int c,int d=8)是错误的。

(2) 一旦开始出现缺省参数,则这个参数后面的所有参数都必须是缺省的。

(3) 缺省参数一般在函数的声明中提供。如果程序中既有函数声明又有函数定义时,则定义函数时不允许再次给出参数的缺省值,即使指定的默认值完全一样也不行,且缺省参数的声明只能出现在函数调用之前。如果程序中只有函数定义,没有函数的声明,则缺省参数才可以出现在函数的定义中。

例如:

void fun(int a,int b,int c = 10,int d = 8); //带缺省参数的函数声明

int main()

{...}

void fun(int a,int b,int c,int d)   //函数定义首部不允许再定义缺省参数

{...}

(4) 不能同时使用缺省参数函数和重载函数,因为当调用函数时少写一个参数,系统无法判定是利用缺省参数函数还是重载函数,会发生错误。

11.6.3 内联函数

C程序函数的调用需要建立栈内存环境,进行参数的传递,并产生程序的执行转移,这些工作都需要时间来处理。当函数的使用频率增高,但代码很短时,程序的执行效率就会降低。内联函数也称内嵌函数,它主要解决程序的运行效率问题。

实例 11-12 求某班级 5 名学生(每个学生 3 门课程)的平均值。

```
#include <iostream.h>
int fun_sum(int s1, int s2 ,int s3)        // 求学生成绩之和函数的定义
```

```
    {
        return s1 + s2 + s3;
    }
    int main( )
    {
        int s[5][3], i , j ;
        double aver[5];
        cout <<"Please input the student 's score:" << endl;
        for (i = 0 ; i < 5 ; i ++)                    // 输入 5 名学生成绩
            for (j = 0 ; j < 3 ; j ++)
                cin >> s [i][j];
        for (i = 0 ; i < 5 ; i ++)                    // 求解学生平均成绩
            aver[i] = fun_sum (s[i][0], s[i][1], s [i][2])/3.0;
        cout <<"The average score is:\n ";
        for (i = 0 ; i < 5 ; i ++)                    // 输出 5 名学生平均成绩
            cout << aver[i] <<"   ";
        return 0;
    }
```

运行结果如图 11-12 所示，其中数据 67、78、85、78、79、73、69、95、87、78、90、89、76、65、78 是由用户输入的 5 名学生的各科成绩信息。

```
Please input the student 's score:
67 78 85
78 79 73
69 95 87
78 90 89
76 65 78
The average score is:
76.6667   76.6667   83.6667   85.6667   73
```

图 11-12　实例 11-12 运行结果

在本程序中多次调用 fun_sum 函数，但该函数的功能只是执行一次加法运算，明显低于函数调用时的额外工作处理，因此效率很低，引入内联函数就是为了解决这一问题。

内联函数就是在函数的定义之前加上关键字 inline，该函数就被称为内联函数。当程序中出现对该函数的调用时，C++编译器就会将函数体内的代码直接插到调用函数的地方，以便在程序运行时不再进行函数调用。上例如果使用内联函数，只需要在 fun_sum( ) 函数的定义前加上 inline 即可。

引入内联函数的主要目的就是提高程序的运行效率，节省调用函数的时间开销，是一种以空间换时间的方案，但在使用内联函数时应注意以下问题：

（1）内联函数应该简洁，一般只适合于只有 1～5 条语句的小函数，如果语句较多，则不适合定义为内联函数。

（2）内联函数函数体内不能包含有复杂的结构控制语句，如 switch 和 while 等，否则编译系统将该函数视为普通函数。

（3）递归函数不能定义为内联函数。

（4）内联函数只能先定义，后使用。

思考和练习题

一、选择题

1. 下面的哪个保留字不能作为函数的类型？（　　）

A. void　　　　　　　　B. int　　　　　　　　C. new　　　　　　　　D. long

2. 在（　　）情况下适宜采用 inline 定义内联函数。

A. 函数体含有循环语句　　　　　　　　B. 函数代码少、频繁调用

C. 函数体含有递归语句　　　　　　　　D. 函数代码多、不常调用

3. 下面对引用的定义及使用中正确的是（　　）。

A. int &Z；　　　　　　　　　　　　　　B. int m＝10；　float &t＝&m；

C. int m＝10；　　float &t＝m；　　　　D. int m＝10；　int &t＝m；

4. 下列对函数缺省参数定义和描述正确的是（　　）。

A. int getcolor(int a＝8,int b)

B. int pal＝1;int getcolor(int pal)；

C. 在设置了函数的缺省参数后，调用函数的对应实参就必须省略

D. 所有被调用的缺省参数函数一定要在调用之前进行定义

5. 关于引用，下列的说法中错误的是（　　）。

A. 引用是给被引用的变量取一个别名

B. 引用主要是用来作函数的形参

C. 在声明引用时，要给它另开辟内存单元

D. 在声明引用时，必须同时使它初始化

6. 通过函数来实现功能不太复杂且执行速度加快，选用（　　）。

A. 内联函数　　　　　B. 重载函数　　　　　C. 内部函数　　　　　D. 函数模板

7. 在 C＋＋中，下列关于设置函数参数默认值的描述中，正确的是（　　）。

A. 当设置了参数的默认值后，就不能从主调函数传来数据

B. 设置参数默认值时，应该是先设置左边的再设置右边的

C. 设置参数默认值时，应该是先设置右边的再设置左边的

D. 设置参数默认值时，应该全部参数都设置

8. 对定义重载函数的下列要求中，（　　）是错误的。

A. 参数的个数不同

B. 参数的类型不同

C. 参数个数相同时，参数类型不同

D. 参数个数和类型相同时，要求函数的返回值的类型不同

9. 在 ios 中提供控制的标志中,(　　)是转换为十六进制形成的标志位。

A. hex　　　　　　　B. oct　　　　　　　C. dec　　　　　　　D. left

10. 下列关于 const 限定符的说法中,错误的是(　　)。

A. const 修饰的常量有类型

B. 在说明 const 变量时,必须对该变量进行初始化

C. 与宏定义符号常量的区别是 const 定义一个具有类型的符号

D. const 是常量变量,所以一个 const 变量可以被多次赋值

二、填空题

1. C++是既支持_____的程序设计,又支持_____的程序设计。

2. 定义函数时,在函数的类型前加上修饰词_____,指明将该函数定义为内联函数。

3. 设置输入/输出宽度控制函数_____。

4. C++提供了使用简单而功能强大的动态存储空间的分配和释放运算符_____、_____替代 malloc 和 free 函数。

5. 在同一作用域内,可以有一组具有相同函数名,不同参数列表的函数,这组函数被称为_____。

三、程序设计题

1. 在 Visual C++ 6.0 编辑环境下,利用缺省参数的函数实现求 2 到 5 个整数的最大值求解并输出最大值,上机调试并查看运行结果。

2. 分别用指针作为函数参数和引用作为函数参数,实现交换两个变量的值。

C++面向对象基础

本章导读

　　面向对象程序设计建立在结构化程序设计的基础上,最重要的改变是程序围绕被操作的数据来设计,而不是围绕操作本身。面向对象程序设计的主要特征是封装、继承和多态,类和对象是面向对象的最主要的概念。为了使对象的状态确定,必须对其进行正确的初始化,C++的构造函数可以实现自动进行对象的初始化,在对象消失时,析构函数可以释放由构造函数分配的内存空间。

本章要点

➢ 了解面向对象的概念和特征。
➢ 掌握类和对象的概念和应用。
➢ 掌握数据成员和成员函数的定义和属性设置。
➢ 了解构造函数和析构函数的概念。

12.1　设计一个类和对象的程序

12.1.1　实例解析

定义一个学生成绩管理信息的类,实现学生信息的存储和输出。

实例 12-1　某班级有 n 个学生,开设 m 门课程。该系统实现对学生信息的录入和显示操作的管理。

```cpp
#include <iostream.h>
#include <string.h>
class student
{
  private:
    int   num;                              // 学生学号
    char   name[10];
```

```
        char    sex;
        int len;                                    // 学生课程数
        float    score[10];                         // 学生成绩数组
    public:
        void    init(int n,char nam[],char s);      // 学生个人信息的录入
        void    input_score( );                     // 学生个人成绩的录入
        void    output( );                          // 学生信息的输出
};
void student::init(int n,char nam[],char s)         // 学生个人信息的录入
{
    num = n;
    strcpy(name,nam);
    sex = s;
}
void student:: input_score ( )                      // 学生个人成绩的录入
{
    cout <<"请输入该学生考试课程的门数：";
    cin >> len;
    cout <<"请输入该学生"<< len <<"门考试课程的成绩：";
    for(int i = 0;i < len;i ++ )
    cin >> score[i];
}
void student::output ( )                            // 学生个人信息的输出
{
    cout <<"学号："<< num <<" 姓名："<< name <<" 性别："<< sex << endl;
    if(len < = 0)
        cout <<"没有考试课程。";
    else
    {
        cout <<"考试课程有"<< len <<"门,分别是：";
        for(int i = 0;i < len;i ++ )
            cout << score[i]<< "   ";
        cout << endl;
    }
}
int main( )
{
    student stu[10];                                // 定义对象数组
    int size , i , num ;
```

```
        char sname[10] , sex ;
        cout <<"请输入学生个数：";
        cin >> size;                              // 小于 10 的整数
        cout <<"\n 以下是输入学生个人信息(性别以 M 表示男,F 表示女)\n ";
        cout <<"\n 学号：    姓名：  性别:\n ";
        for(i = 0;i < size;i ++ )
        {
           cin >> num >> sname >> sex;
           stu[i].init(num, sname , sex);
        }
        cout <<"以下是录入学生成绩\n "<< endl;
        for(i = 0;i < size;i ++ )
        {
           cout <<"第"<< i + 1 <<"个学生成绩"<< endl;
           stu[i].input_score ( );
        }
        cout <<"\n 以下是输出学生信息\n "<< endl;
        for(i = 0;i < size;i ++ )
        {
           stu[i].output();
        }
        return 0;
}
```

这是一个简单的 C++面向对象的程序设计,其中 student 是一个学生类,包括学生的数据信息和操作行为,由于 C++以面向对象为主,所以类名不需要使用 class 关键字,直接用 student 表示学生类。运行结果如图 12-1 所示。在程序的运行过程中,用户需要按照图示输入如下信息:2、1001、Wangli、F、1002、Weijia、M、2、86、92、3、78、84、90。

12.1.2 面向对象程序设计的特点

传统的程序设计方法忽略了数据和程序间的内在联系。事实上,用计算机解决的问题都是现实世界中的问题,现实世界中的任何一个事物都可以看成一个对象。例如一个学校、一个班级、一个学生都可以看作是一个对象。每个具体的对象都可以用下述两个特征来描述:描述事物静态属性所需要使用的数据结构和对这些数据进行的有限操作(表示事物的动态行为),只有把数据结构和对数据的操作放在一起构成一个整体,才能完整地反映实际问题。数据结构和对数据的操作实质上是相互依赖、不可分割的整体。

面向对象程序设计与传统的面向结构程序设计有本质不同,这种方法力求模仿人们形成现实世界的模型。为了处理各种复杂的事物,我们一般要依靠事物的某些属性和行为特征对其进行概括、分类和抽象。例如,从各种各样的动物中,我们抽象出"动物"这个词,由此,我们便可忽略具体动物的细节,来发展和处理"动物"这个概念。C++中的面向对象程序设计思想也正是利用了分类和抽象这一非常自然的处理方法。

面向对象程序中的对象是指一个既包含数据又包含对数据操作的逻辑实体，而类则是这些实体的抽象描述。类和对象之间的关系有点类似于结构体类型和结构体变量之间的关系。类可以看成是面向对象程序设计语言定义的一种数据类型，对象是类的一个实例。

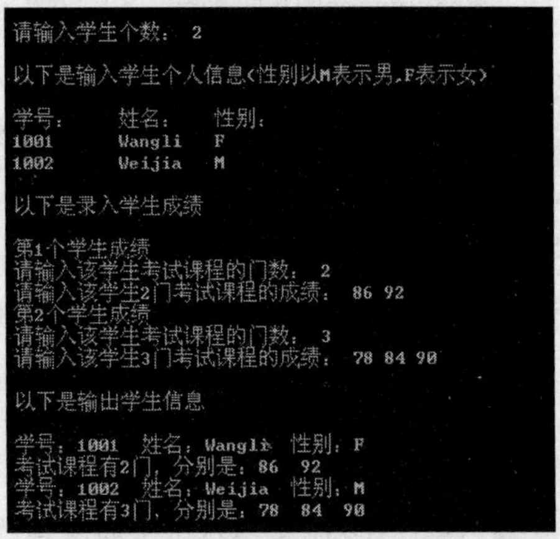

面向对象程序设计语言具有三个主要性质。

1．封装性

把数据结构和专门用于操作这些数据的函数或方法结合在一起，这便产生了一种新的结构和数据类型机制——类。所谓类指的是对象类型。

图 12-1　实例 12-1 运行结果

2．继承性

根据旧的类构造出来的新的派生类，它不但可以从先前定义的一个或多个基类中继承数据和函数，还有可能重新定义或加入新的数据和动作，这样就建立起类的层次性。

3．多态性

对每个动作，在类的各个层次上都给出相同的名字或符号，而层次中的每个类在具体实现时，都将正确地执行自身相应的动作。

12.2　类 和 对 象

类和对象是面向对象程序设计的两个最基本概念，所谓对象就是客观事物在计算机中的抽象描述，类是对具有相似属性和行为的一组对象的统一描述。每个对象都是一个实体，同类对象具有相同的结构和特性。例如某班所有的学生是由一个个的学生对象组成的集合，他们具有完全相同的结构和特性。

在 C++中，可以说类是对象的抽象，对象是类的具体实例。正如同结构体类型和结构体变量一样，人们先声明一个结构体类型，然后用它去定义多个结构体变量。在 C++中先声明一个"类"类型，然后用它去定义若干个同类型的对象，对象就是一个"类"类型的变量。例如先声明学生类，再定义一个个表示学生的对象实体。类是用来定义对象的一种抽象数据类型，或者说它是产生对象的模板，它的性质和数据类型（如整型、实型、字符型和结构体类型）相同。

C++的类是在结构体的基础上扩充而来的。其方法和声明结构体类型是相似的。下面是我们已经熟悉的结构体类型的声明：

```
struct student              // 结构体的定义，以 struct 开头
{
```

```
    int num;
    char name[10];
    char sex;
};
...
struct student stu1,stu2,stu3;
```

上面声明了一个名为 student 的结构体类型，定义了 3 个结构体变量 stu1、stu2 和 stu3。可以看出它只包括数据（变量），没有操作，如果希望对结构体变量的各个成员进行赋值或输出等操作，需要另外编写有关操作的函数，也就是数据和操作是分离的，这就造成程序的不安全。

类是把各种不同类型的数据（称为数据成员）和对数据的操作（称为成员函数）组织在一起而形成的用户自定义数据类型。现在我们声明一个表示学生的类：

```
class student                    // 类的定义,以 class 开头
{
    int num;
    char name[10];
    char sex;                    // 以上 3 行是数据成员
    void init( )                 // 成员函数
    {
        cin >> num >> name >> sex;
    }                            //操作代码
    void output( )               // 成员函数
    {
        cout <<" num:"<< num <<" name:"<< name <<" sex:"<< sex << endl;
    }                            // 操作代码
};
...
student stu1,stu2,stu3;          // 定义 3 个 student 类的对象
```

这就是类的声明和对象的定义。可以看出声明类的方法是由声明结构体类型的方法发展而来的。他除了包含数据部分以外，还包括了对这些数据的操作部分，也就是把数据和操作封装在一起。init( )和 output( )是成员函数，用来实现对对象数据成员的操作。类除了具有封装性外，还采用了信息隐蔽原则，使类中成员与外界的联系减少到最低限度。现在 student 类中的数据在默认方式下都对外界隐蔽，外界不能直接访问它们，只有本类的成员函数才能直接访问。

在 C++中，类的定义包括类的声明和类的实现两大部分。声明部分提供了对该类所有数据成员和成员函数的声明，而实现部分提供了所有成员函数的实现代码。

类定义的一般格式为：

```
class 类名
{private:
```

　　　私有数据成员或私有成员函数

public:

　　　公有数据成员或公有成员函数

};

<各成员函数的实现代码>

　　类的成员包括两大类,一类是私有的,即外界不能访问;另一类是公用的,外界可以调用,在默认方式下,类的成员具有私有属性。类的数据成员一般设置为私有的,而成员函数设置为公用的。类成员函数实现的定义可以在类内完成,也可以在类外完成。上面类的声明可以改为:

```
class student                    // 类的定义,以 class 开头
{
    private:
        int num;
        char name[10];
        char sex;                // 以上 3 行是数据成员
    public:
        void init( );            // 成员函数的声明
        void output( );          // 成员函数的声明
};
//各成员函数的实现代码
voidstudent ::init( )            // 成员函数
{
    cin >> num >> name >> sex;
}                                // 操作代码
voidstudent ::output( )          // 成员函数
{
    cout <<" num:"<< num <<" name:"<< name <<" sex:"<< sex << endl;
}                                // 操作代码
...
student stu1,stu2,stu3;          // 定义 3 个 student 类的对象
```

12.3　构造函数与析构函数

12.3.1　构造函数

　　在建立一个对象时,常常需要做某些初始化的工作,例如定义一个学生对象时就应该具有学号、姓名和性别等信息。C++提供了一种特殊的成员函数(叫构造函数)来完成对象的初始化。

构造函数是与类名同名的特殊的成员函数,当定义该类的对象时,构造函数将被自动调用以实现对该对象的初始化。构造函数不能有返回值,因而不能指定包括 void 在内的任何返回值类型。构造函数的定义可与其他成员函数的定义一样,放在类内或类外都可以。

构造函数的定义格式为:

类名(形参说明)

〈函数体〉

实例 12-1 中的 init()初始化函数可以修改为构造函数,修改如下:

```
class student
{
    ...
  public:
    student();                              // 利用构造函数实现学生个人信息的初始化
    student(int n,char nam[],char s);       // 重载构造函数
    ...
};

student:: student ( )                       // 学生个人信息的录入
{
  num = 0;
  strcpy(name, "* * *");
  sex = '*';
  }

student:: student (int n,char nam[ ],char s)  // 学生个人信息的录入
{
  num = n;
  strcpy(name,nam);
  sex = s;
}
...
student  stu1,stu2( 1001, "王丽",'F');
```

构造函数可有参数,也可无参,根据需要来定。如果一个类中出现两个以上同名成员函数,称为类的成员函数的重载。当出现构造函数重载时,其匹配方式与普通函数重载时的匹配方式相同。

类的构造函数主要是在定义对象时自动调用,调用格式如下:

类名　对象名(参数);

C++规定,每个类必须有一个构造函数。如果类中没有显式定义构造函数,则 C++编译系统在编译时为该类提供一个默认的构造函数,该默认构造函数是个无参函数,它仅负责创建对象,而不做任何初始化工作。只要一个类定义了一个构造函数(不一定是无参构造函数),C++编译系统就不再提供默认的构造函数。

12.3.2 析构函数

当一个对象被定义时,系统自动调用构造函数为该对象分配相应的资源,当对象使用完毕后,这些系统资源需要在对象消失前被释放,资源的释放由析构函数来完成。

析构函数是类的一个特殊成员函数,其函数名称是在类名的前面加上~,它没有返回值,没有参数,不能随意调用,也没有重载,只是在对象生命期结束时系统自动调用。

析构函数的定义格式为:

~类名()

〔函数体〕

在实例 12-1 中 student 类定义的内部析构函数可定义如下:

~student ( ) { }

一个类中只能拥有一个析构函数。如果程序员在定义类时,没有为类提供析构函数,则系统会自动创建一个默认的析构函数。

对于一个简单的类来说,大多可以直接使用系统提供的默认析构函数。但是,如果在类的对象中分配有动态内存(如用 new 申请分配的内容)时,就必须为该类提供适当的析构函数,完成清理工作。

思考和练习题

一、选择题

1. 关于类和对象不正确的说法是( )。

A. 类是一种类型,它封装了数据和操作   B. 对象是类的实例

C. 一个类的对象只有一个   D. 一个对象必属于某个类

2. 声明一个类的对象时,系统自动调用( )。

A. 成员函数   B. 构造函数   C. 析构函数   D. 普通函数

3. 声明一个类的对象时,撤销对象时,系统自动调用( )函数。

A. 成员函数   B. 构造函数   C. 析构函数   D. 普通函数

4. 下面对构造函数的不正确描述是( )。

A. 系统可以提供默认的构造函数

B. 构造函数可以有参数,所以可以有返回值

C. 构造函数可以重载

D. 构造函数可以设置默认参数

5. 以下不是构造函数的特征的是( )。

A. 构造函数的函数名与类名相同   B. 构造函数可以重载

C. 构造函数可以设置缺省参数   D. 构造函数必须指定类型说明

6. 下列函数中,( )函数不能重载。

A. 成员函数   B. 非成员函数

C. 析构函数   D. 构造函数

二、填空题

1. 面向对象的程序设计有三个主要特征，它们是_____、_____、_____。

2. _____和_____是面向对象程序设计的两个最基本概念。

3. 获取对象成员的操作符是_____。

三、程序设计题

生成一个 rectangle 类，这个类的 length 和 width 默认为 1，其成员函数包括计算长方形的 perimeter（周长）和 area（面积）两个功能。

附录1

C语言的输入输出函数

为读者查阅方便,下面列出 C 语言常用的一些输入输出函数,使用这些函数需要将头文件"stdio. h"包含到程序中。读者在编制 C 程序时可能要用到更多的函数,请查阅所用系统的手册。

1. putchar 函数(字符输出函数)

putchar 函数调用的一般形式为:

putchar(c);

其作用是在显示器上输出单个字符。其中 c 可以是字符型/整型变量,或字符型/整型常量,也可以输出其他转义字符。

2. getchar 函数(字符输入函数)

getchar 函数调用的一般形式为:

getchar( );

其作用是从终端输入一个字符。此函数没有参数,函数的值就是从输入设备得到的字符,并且只能接收一个字符,通常把输入的字符赋予一个字符变量,构成赋值语句。

3. printf 函数(格式输出函数)

printf 函数调用的一般形式为:

printf(格式控制,输出表列);

其作用是向终端输出若干个任意类型的数据。其中格式控制字符串是用双引号括起来的字符串,也称转换控制字符串,用于指定输出格式。其内容包括以下几部分。

① 格式说明:是以%开头的字符串,在%后面跟有各种格式字符,以说明输出数据的类型、形式、长度、小数位数等,中间可插入附加说明符。它的作用是将输出的数据转换为指定的格式。如:"%d"表示按十进制整型输出,"%ld"表示按十进制长整型输出,"%c"表示按字符型输出等。

② 普通字符:需原样输出的字符,在显示中起提示作用。在输出表列中给出了各个输出项,包括需要输出的一些数据/表达式。格式说明和各输出项在数量和类型上应该一一对应。

例如:

printf("a=%d,b=%d,c=%c\n",a,b,c);

格式说明　　输出表列

除了格式说明%d和%c以外,其它的字符为普通字符,它们将原样输出。如a、b、c的值分别为2、3和字符常量c时,则输出结果为:a=2,b=3,c=c。

格式字符用以表示输出数据的类型,对不同类型的数据需要使用不同的格式字符,其他格式字符和意义如表A1-1所示。在格式说明中可以插入的附加说明符如表A1-2所示。

表 A1-1   printf 格式字符

格式字符	说　　明
d,i	以十进制形式输出带符号整数(正数不输出符号)
o	以八进制形式输出无符号整数(不输出前缀o)
x,X	以十六进制形式输出无符号整数(不输出前缀ox)
u	以十进制形式输出无符号整数
f	以小数形式输出单、双精度实数
e,E	以指数形式输出单、双精度实数
g,G	以%f%e中较短的输出宽度输出单、双精度实数
c	输出单个字符
s	输出字符串

表 A1-2   printf 的附加格式说明字符

字符	说　　明
l	表示按长整型量输出。可加在格式字符d、o、x、u之前
m (代表十进制正整数)	用来表示输出最小宽度,若实际输出的位数大于定义的宽度,则按实际位数输出,否则按右对齐,左边补以相应个数的空格
n (代表十进制正整数)	如果输出实数,是指以"."开头的十进制正整数,表示保留的小数位数;如果输出字符,则表示输出字符的个数;若实际位数大于所定义的n值,则截去超过的部分
—	输出结果左对齐,右边填空格

4. scanf 函数(格式输入函数)

scanf 函数调用的一般形式为:

scanf(格式控制,地址表列);

其作用是用来输入任何类型的多个数据。其中的格式说明和 printf 函数中的格式说明相似,以%开始,以一个格式字符结束,中间可以插入附加的字符。格式说明表和附加说明表如表 A1-3 和表 A1-4 所示。

地址表列中给出各变量的地址。地址是由地址运算符"&"后跟变量名组成的。如 &a 表示变量 a 的地址。这个地址就是编译系统在内存中给 a 变量分配的地址。变量的地址是 C 编译系统分配的,用户不必关心具体的地址是多少。

表 A1-3　scanf 格式字符

格式字符	格式字符意义
d,i	输入十进制整数
o	输入八进制整数
x,X	输入十六进制整数
u	输入无符号十进制整数
f 或 e	输入实型数(用小数形式或指数形式)
c	输入单个字符
s	输入字符串

表 A1-4　scanf 的附加格式说明字符

附加字符	附加字符意义
l	表示输入长整型数据(如%ld) 和双精度浮点数(如%lf)
h	h 表示输入短整型数据
域宽	表示十进制整数,指定输入数据所占的宽度(即列数)
*	表示该输入项读入后不赋予相应的变量

5．puts 函数(字符串输出函数)

函数调用的一般形式为:

puts(字符数组名);

其作用是将一个字符串(以'\0'结束的字符的序列)输出到终端。

6．gets 函数(字符串输入函数)

函数调用的一般形式为:

gets(字符数组名);

其作用是从标准输入设备键盘上输入一个字符串。如执行下面的函数:

gets(str);

从键盘输入:Computer。将输入的字符串"Computer"送给字符数组 str(请注意送给数组的共有 9 个字符,而不是 8 个字符),函数值为字符数组 str 的起始地址。一般利用 gets 函数的目的是向字符数组输入一个字符串,而不关心其函数值。

C语言的关键字及其含义

分　类		关键字	含义和用途
基本数据类型	简单数据类型	int	声明整型变量或函数
		char	声明字符型变量或函数
		float	声明单精度型变量或函数
		double	声明双精度型变量或函数
	特殊类型	register	声明寄存器变量
		void	声明函数无返回值或无参数，声明无类型指针
类型修饰符	长度修饰	long	声明长整型变量或函数
		short	声明短整型变量或函数
	符号修饰	signed	声明有符号类型变量或函数
		unsigned	声明无符号类型变量或函数
	存储类别	auto	声明自动变量
		extern	声明变量在其他文件中定义
		static	声明静态变量
	特殊修饰	volatile	声明变量在程序执行中可被隐含地改变
		const	声明符号常量
复合类型的定义		enum	声明枚举类型
		struct	声明结构体类型数据
		union	声明共用体类型数据
语句	分支结构	if	条件语句
		else	条件语句否定分支（与 if 连用）
		switch	多分支语句
		case	多分支语句分支
		default	多分支语句中的"其他"分支
		goto	无条件跳转语句
		break	跳出当前循环
		continue	结束当前循环，开始下一轮循环

分 类		关键字	含义和用途
语句	循环结构	while	当型循环语句
		do	循环语句
		for	计数型循环语句
函数返回		return	函数返回语句
运算符		sizeof	计算数据类型长度
自定义类型		typedef	定义数据类型别名

C语言运算符优先级和结合性

优先级	运算符	名称或含义	使用形式	结合方向	要求运算对象的个数
1	[]	数组下标	数组名[常量表达式]	左到右	
	()	圆括号	(表达式)/函数名(形参表)		
	.	成员选择(对象)	对象.成员名		
	->	成员选择(指针)	对象指针->成员名		
2	-	负号	-表达式	右到左	1(单目运算符)
	(类型)	强制类型转换	(数据类型)表达式		
	++	自增	++变量名/变量名++		1(单目运算符)
	--	自减	--变量名/变量名--		1(单目运算符)
	*	取值	*指针变量		1(单目运算符)
	&	取地址	&变量名		1(单目运算符)
	!	逻辑非	!表达式		1(单目运算符)
	~	按位取反	~表达式		1(单目运算符)
	sizeof	长度	sizeof(表达式)		
3	/	除	表达式/表达式	左到右	2(双目运算符)
	*	乘	表达式*表达式		2(双目运算符)
	%	求余数(取模)	整型表达式/整型表达式		2(双目运算符)
4	+	加	表达式+表达式	左到右	2(双目运算符)
	-	减	表达式-表达式		2(双目运算符)
5	<<	左移	变量<<表达式	左到右	2(双目运算符)
	>>	右移	变量>>表达式		2(双目运算符)
6	>	大于	表达式>表达式	左到右	2(双目运算符)
	>=	大于等于	表达式>=表达式		2(双目运算符)
	<	小于	表达式<表达式		2(双目运算符)
	<=	小于等于	表达式<=表达式		2(双目运算符)

优先级	运算符	名称或含义	使用形式	结合方向	要求运算对象的个数
7	==	等于	表达式==表达式	左到右	2（双目运算符）
	!=	不等于	表达式!=表达式		2（双目运算符）
8	&	按位与	表达式&表达式	左到右	2（双目运算符）
9	^	按位异或	表达式^表达式	左到右	2（双目运算符）
10	|	按位或	表达式|表达式	左到右	2（双目运算符）
11	&&	逻辑与	表达式&&表达式	左到右	2（双目运算符）
12	||	逻辑或	表达式||表达式	左到右	2（双目运算符）
13	?:	条件	表达式1?表达式2:表达式3	右到左	3（三目运算符）
	=	赋值	变量=表达式		2（双目运算符）
	/=	除后赋值	变量/=表达式		2（双目运算符）
	*=	乘后赋值	变量*=表达式		2（双目运算符）
	%=	取模后赋值	变量%=表达式		2（双目运算符）
	+=	加后赋值	变量+=表达式		2（双目运算符）
14	-=	减后赋值	变量-=表达式	右到左	2（双目运算符）
	<<=	左移后赋值	变量<<=表达式		2（双目运算符）
	>>=	右移后赋值	变量>>=表达式		2（双目运算符）
	&=	按位与后赋值	变量&=表达式		2（双目运算符）
	^=	按位异或后赋值	变量^=表达式		2（双目运算符）
	|=	按位或后赋值	变量|=表达式		2（双目运算符）
15	,	逗号运算符	表达式,表达式,…	左到右	

说明：

（1）同一优先级的运算符，运算次序由结合方向所决定。例如 * 与/具有相同的优先级别，其结合方向为自左至右，因此 3*5/4 的运算次序是先乘后除。-和++为同一优先级，结合方向为自右至左，因此-i++相当于-(i++)。

（2）不同的运算符要求有不同的运算对象个数。如+（加）和-（减）为双目运算符，要求在运算符两侧各有一个运算对象（如 3+5、8-3 等）。条件运算符是 C 语言中唯一的一个三目运算符，如 x? a:b。

简单记忆优先级顺序就是：

! → 算术运算符 → 关系运算符 → && → \|\| → 赋值运算符。

附录4

常用字符与ASCII代码对照表

ASCII	控制字符	注释	ASCII	控制字符	ASCII	控制字符	ASCII	控制字符
0	NUL		32	Space（空格）	64	@	96	`
1	SOH	标题开始	33	!	65	A	97	a
2	STX	正文开始	34	"	66	B	98	b
3	ETX	正文结束	35	#	67	C	99	c
4	EOT	传输结束	36	$	68	D	100	d
5	END	询问字符	37	%	69	E	101	e
6	ACK	承认	38	&	70	F	102	f
7	BEL	报警	39	'	71	G	103	g
8	BS（Back space）	退格	40	(	72	H	104	h
9	HT	横向制表	41	)	73	I	105	i
10	LF	换行	42	*	74	J	106	j
11	VT	垂直制表	43	+	75	K	107	k
12	FF	走纸控制	44	,	76	L	108	l
13	CR（Enter）	回车	45	—	77	M	109	m
14	SO	移位输出	46	.	78	N	110	n
15	SI	移位输入	47	/	79	O	111	o
16	DLE	空格	48	0	80	P	112	p
17	DC1	设备控制1	49	1	81	Q	113	q
18	DC2	设备控制2	50	2	82	R	114	r
19	DC3	设备控制3	51	3	83	X	115	s
20	DC4（Caps Lock）	设备控制4（大写锁定）	52	4	84	T	116	t
21	NAK	否定	53	5	85	U	117	u

ASCII	控制字符	注释	ASCII	控制字符	ASCII	控制字符	ASCII	控制字符
22	SYN	空转同步	54	6	86	V	118	v
23	ETB	信息组传送结束	55	7	87	W	119	w
24	CAN	作废	56	8	88	X	120	x
25	EM	纸尽	57	9	89	Y	121	y
26	SUB	换置	58	:	90	Z	122	z
27	ESC	换码	59	;	91	[	123	{
28	FS	文字分隔符	60	<	92	\	124		
29	GS	组分隔符	61	=	93	]	125	}
30	RS	记录分隔符	62	>	94	ˆ	126	~
31	US	单元分隔符	63	?	95	_	127	DEL

附录5

C语言常用库函数

C程序设计中,大量的功能实现需要库函数的支持。虽然库函数不是C语言的一部分,它是由编译系统根据一般用户的需要编制并提供给用户使用的一组程序。因此对编程者来说,标准库函数已成为C语言中不可缺少的组成部分。每一种C编译系统都提供了一批库函数,不同的编译系统所提供的库函数的数目和函数名以及函数功能是不完全相同的。ANSI C标准提出了一批建议提供的标准库函数。它包括了目前多数C编译系统所提供的库函数,但也有一些是某些C编译系统未曾实现的。考虑到通用性,本附录列出ANSI C中常用库函数。限于篇幅,本附录不能全部介绍,只从教学需要的角度列出最基本的。读者在编写C程序时可根据需要,查阅有关系统的函数使用手册。

1. 数学函数

使用数学函数时,应该在源文件中使用预编译命令:

#include <math.h>或 #include "math.h"

函数名	函数原型	功能	返回值	说明
abs	int abs(int x);	求整型数 x 的绝对值	计算结果	
acos	double acos(double x);	计算 arccos(x)的值	计算结果	$-1 \leqslant x \leqslant 1$
asin	double asin(double x);	计算 arcsin(x)的值	计算结果	$-1 \leqslant x \leqslant 1$
atan	double atan(double x);	计算 arctan(x)的值	计算结果	
atan2	double atan 2(double x, double y);	计算 arctan(x/y)的值	计算结果	
cos	double cos(double x);	计算 cos(x)的值	计算结果	x 单位为弧度
cosh	double cosh(double x);	计算 x 的双曲余弦 cosh(x)的值	计算结果	
exp	double exp(double x);	求 e^x 的值	计算结果	
fabs	double fabs(double x);	求 x 的绝对值	计算结果	
floor	double floor(double x);	求出不大于 x 的最大整数	该整数的双精度实数	
fmod	double fmod(double x, double y);	求整除 x/y 的余数	返回余数的双精度实数	
frexp	double frexp(double val, int *eptr);	把双精度数 val 分解成数字部分(尾数)和以 2 为底的指数,即 val= $x * 2^n$, n 存放在 eptr 指向的变量中	数字部分 x $0.5 \leqslant x < 1$	

函数名	函数原型	功能	返回值	说明
log	double log(double x);	求 ln x 的值	计算结果	
log10	double log10(double x);	求 $\log_{10} x$ 的值	计算结果	
modf	double modf(double val, int *iptr);	把双精度数 val 分解成数字部分和小数部分,把整数部分存放在 iptr 指向的变量中	val 的小数部分	
pow	double pow(double x, double y);	求 x^y 的值	计算结果	
sin	double sin(double x);	求 sin(x) 的值	计算结果	x 单位为弧度
sinh	double sinh(double x);	计算 x 的双曲正弦函数 sinh(x) 的值	计算结果	
sqrt	double sqrt (double x);	计算 $\sqrt{x}$	计算结果	x≥0
tan	double tan(double x);	计算 tan(x) 的值	计算结果	x 单位为弧度
tanh	double tanh(double x);	计算 x 的双曲正切函数 tanh(x) 的值	计算结果	

2. 字符函数

在使用字符函数时,应该在源文件中使用预编译命令:

♯include＜ctype.h＞或 ♯include ″ctype.h″

函数名	函数原型	功能	返回值	说明
isalnum	int isalnum(int ch);	检查 ch 是否字母或数字	是字母或数字返回 1,否则返回 0	
isalpha	int isalpha(int ch);	检查 ch 是否字母	是字母返回 1,否则返回 0	
iscntrl	int iscntrl(int ch);	检查 ch 是否控制字符(其 ASCII 码在 0 和 0xlF 之间)	是控制字符返回 1,否则返回 0	
isdigit	int isdigit(int ch);	检查 ch 是否数字	是数字返回 1,否则返回 0	
isgraph	int isgraph(int ch);	检查 ch 是否是可打印字符(其 ASCII 码在 0x21 和 0x7e 之间),不包括空格	是可打印字符返回 1,否则返回 0	
islower	int islower(int ch);	检查 ch 是否是小写字母(a~z)	是小写字母返回 1,否则返回 0	
isprint	int isprint(int ch);	检查 ch 是否是可打印字符(其 ASCII 码在 0x21 和 0x7e 之间),不包括空格	是可打印字符返回 1,否则返回 0	
ispunct	int ispunct(int ch);	检查 ch 是否是标点字符(不包括空格)即除字母、数字和空格以外的所有可打印字符	是标点返回 1,否则返回 0	
isspace	int isspace(int ch);	检查 ch 是否空格、跳格符(制表符)或换行符	是,返回 1,否则,返回 0	

函数名	函数原型	功能	返回值	说明
isupper	int isupper(int ch);	检查 ch 是否大写字母(A~Z)	是大写字母返回1,否则返回0	
isxdigit	int isxdigit(int ch);	检查 ch 是否一个16进制数字(即0~9,或 A 到 F,a~f)	是,返回1,否则返回0	
tolower	int tolower(int ch);	将 ch 字符转换为小写字母	返回 ch 对应的小写字母	
toupper	int toupper(int ch);	将 ch 字符转换为大写字母	返回 ch 对应的大写字母	

3. 字符串函数

使用字符串函数时,应该在源文件中使用预编译命令:

#include <string.h>或#include "string.h"

函数名	函数原型	功能	返回值	说明
strcat	char *strcat(char *str1, char *str2);	把字符 str2 接到 str1 后面,取消原来 str1 最后面的串结束符'\0'	返回 str1	
strchr	char *strchr(char *str,int ch);	找出 str 指向的字符串中第一次出现字符 ch 的位置	返回指向该位置的指针,如找不到,则应返回 NULL	
strcmp	int *strcmp(char *str1, char *str2);	比较字符串 str1 和 str2	若 str1 < str2,为负数;若 str1 = str2,返回0;若 str1 > str2,为正数	
strcpy	char *strcpy(char *str1, char *str2);	把 str2 指向的字符串拷贝到 str1 中去	返回 str1	
strlen	unsigned intstrlen(char *str);	统计字符串 str 中字符的个数	返回字符个数	不包括终止符'\0'
strncat	char *strncat(char *str1, char *str2, unsigned count);	把字符串 str2 指向的字符串中最多 count 个字符连到串 str1 后面,并以 NULL 结尾	返回 str1	
strncmp	int strncmp(char *str1,char *str2, unsigned count);	比较字符串 str1 和 str2 中至多前 count 个字符	若 str1 < str2,为负数;若 str1 = str2,返回0;若 str1 > str2,为正数	
strncpy	char *strncpy(char *str1, char *str2, unsigned count);	把 str2 指向的字符串中最多前 count 个字符拷贝到串 str1 中去	返回 str1	

函数名	函数原型	功能	返回值	说明
strnset	void *setnset(char *buf, char ch, unsigned count);	将字符 ch 拷贝到 buf 指向的数组前 count 个字符中	返回 buf	
strset	void *setset(void *buf, char ch);	将 buf 所指向的字符串中的全部字符都变为字符 ch	返回 buf	
strstr	char *strstr(char *str1, char *str2);	寻找 str2 指向的字符串在 str1 指向的字符串中首次出现的位置	返回 str2 指向的字符串首次出向的地址。否则返回 NULL	

4. 输入输出函数

在使用输入输出函数时,应该在源文件中使用预编译命令:
＃include < stdio.h >或 ＃include ″stdio.h″

函数名	函数原型	功能	返回值	说明
clearerr	void clearer(FILE *fp);	清除文件指针错误指示器	无	
close	int close(int fp);	关闭文件	关闭成功返回 0,不成功返回—1	非 ANSI 标准
creat	int creat(char *filename, int mode);	以 mode 所指定的方式建立文件	成功返回正数,否则返回—1	非 ANSI 标准
eof	int eof(int fp);	判断 fp 所指的文件是否结束	文件结束返回 1,否则返回 0	
fclose	int fclose(FILE *fp);	关闭 fp 所指的文件,释放文件缓冲区	关闭成功返回 0,不成功返回非 0	
feof	int feof(FILE *fp);	检查文件是否结束	文件结束返回非 0,否则返回 0	
ferror	int ferror(FILE *fp);	测试 fp 所指的文件是否有错误	无错返回 0,否则返回非 0	
fflush	int fflush(FILE *fp);	将 fp 所指的文件的全部控制信息和数据存盘	存盘正确返回 0,否则返回非 0	
fgets	char *fgets(char *buf, int n, FILE *fp);	从 fp 所指的文件读取一个长度为(n—1)的字符串,存入起始地址为 buf 的空间	返回地址 buf。若遇文件结束或出错则返回 EOF	
fgetc	int fgetc(FILE *fp);	从 fp 所指的文件中取得下一个字符	返回所得到的字符。出错返回 EOF	
fopen	FILE *fopen(char *filename, char *mode);	以 mode 指定的方式打开名为 filename 的文件	成功,则返回一个文件指针,否则返回 0	

函数名	函数原型	功能	返回值	说明
fprintf	int fprintf(FILE *fp, char *format,args,…);	把 args 的值以 format 指定的格式输出到 fp 所指的文件中	实际输出的字符数	
fputc	int fputc(char ch, FILE *fp);	将字符 ch 输出到 fp 所指的文件中	成功则返回该字符,出错返回 EOF	
fputs	int fputs(char str, FILE *fp);	将 str 指定的字符串输出到 fp 所指的文件中	成功则返回 0,出错返回 EOF	
fread	int fread(char *pt, unsigned size, unsigned n, FILE *fp);	从 fp 所指定文件中读取长度为 size 的 n 个数据项,存到 pt 所指向的内存区	返回所读的数据项个数,若文件结束或出错返回 0	
fscanf	int fscanf(FILE *fp, char *format,args,…);	从 fp 指定的文件中按给定的 format 格式将读入的数据送到 args 所指向的内存变量中(args 是指针)	已输入的数据个数	
fseek	int fseek(FILE *fp, long offset, int base);	将 fp 指定的文件的位置指针移到 base 所指出的位置为基准、以 offset 为位移量的位置	返回当前位置,否则返回—1	
ftell	long ftell(FILE *fp);	返回 fp 所指定的文件中的读写位置	返回文件中的读写位置,否则返回 0	
fwrite	int fwrite(char *ptr, unsigned size, unsigned n, FILE *fp);	把 ptr 所指向的 n *size 个字节输出到 fp 所指向的文件中	写到 fp 文件中的数据项的个数	
getc	int getc(FILE *fp);	从 fp 所指向的文件中的读出下一个字符	返回读出的字符,若文件出错或结束返回 EOF	
getchar	int getchar();	从标准输入设备中读取下一个字符	返回字符,若文件出错或结束返回—1	
gets	char *gets(char *str);	从标准输入设备中读取字符串存入 str 指向的数组	成功返回 str,否则返回 NULL	
open	int open(char *filename, int mode);	以 mode 指定的方式打开已存在的名为 filename 的文件	返回文件号(正数),如打开失败返回—1	非 ANSI 标准
printf	int printf(char *format,args,…);	在 format 指定的字符串的控制下,将输出列表 args 的指输出到标准设备	输出字符的个数。若出错返回负数	
prtc	int prtc(int ch, FILE *fp);	把一个字符 ch 输出到 fp 所值的文件中	输出字符 ch,若出错返回 EOF	

函数名	函数原型	功能	返回值	说明
putchar	int putchar(char ch);	把字符 ch 输出到 fp 标准输出设备	返回换行符,若失败返回 EOF	
puts	int puts(char *str);	把 str 指向的字符串输出到标准输出设备,将 '\0' 转换为回车行	返回换行符,若失败返回 EOF	
putw	int putw(int w, FILE *fp);	将一个整数 i(即一个字)写到 fp 所指的文件中(非 ANSI 标准)	返回读出的字符,若文件出错或结束返回 EOF	非 ANSI 标准
read	int read(int fd, char *buf, unsigned count);	从文件号 fp 所指定文件中读 count 个字节到由 buf 知识的缓冲区	返回真正读出的字节个数,如文件结束返回 0,出错返回 −1	非 ANSI 标准
remove	int remove(char *fname);	删除以 fname 为文件名的文件	成功返回 0,出错返回 −1	
rename	int remove(char *oname, char *nname);	把 oname 所指的文件名改为由 nname 所指的文件名	成功返回 0,出错返回 −1	
rewind	void rewind(FILE *fp);	将 fp 指定的文件指针置于文件头,并清除文件结束标志和错误标志	无	
scanf	int scanf(char *format,args,…);	从标准输入设备按 format 指示的格式字符串规定的格式,输入数据给 args 所指示的单元。args 为指针	读入并赋给 args 数据个数。如文件结束返回 EOF,若出错返回 0	
write	int write(int fd, char *buf, unsigned count);	从 buf 指示的缓冲区输出 count 个字符到 fd 所指的文件中(非 ANSI 标准)	返回实际写入的字节数,如出错返回 −1	非 ANSI 标准

5. 动态存储分配函数

在使用动态存储分配函数时,应该在源文件中使用预编译命令:

♯include < stdlib. h >或♯include ″stdlib. h″

函数名	函数原型	功能	返回值	说明
calloc	void *calloc(unsigned n, unsigned size);	分配 n 个数据项的内存连续空间,每个数据项的大小为 size	分配内存单元的起始地址。如不成功,返回 0	
free	void free(void *p);	释放 p 所指内存区	无	

函数名	函数原型	功能	返回值	说明
malloc	void *malloc(　　unsigned size);	分配 size 字节的内存区	所分配的内存区地址，如内存不够，返回 0	
realloc	void *realloc(void *p, 　　unsigned size);	将 p 所指的以分配的内存区的大小改为 size。size 可以比原来分配的空间大或小	返回指向该内存区的指针。若重新分配失败，返回 NULL	

6. 其他函数

有些函数由于不便归入某一类，所以单独列出。使用这些函数时，应该在源文件中使用预编译命令：

　　♯ include < stdlib. h >或 ♯ include ″ stdlib. h ″

函数名	函数原型	功能	返回值	说明
abs	int abs(int num);	计算整数 num 的绝对值	返回计算结果	
atof	double atof(char *str);	将 str 指向的字符串转换为一个 double 型的值	返回双精度计算结果	
atoi	int atoi(char *str);	将 str 指向的字符串转换为一个 int 型的值	返回转换结果	
atol	long atol(char *str);	将 str 指向的字符串转换为一个 long 型的值	返回转换结果	
exit	void exit(int status);	中止程序运行。将 status 的值返回调用的过程	无	
itoa	char *itoa(int n, char *str, int radix);	将整数 n 的值按照 radix 进制转换为等价的字符串，并将结果存入 str 指向的字符串中	返回一个指向 str 的指针	
labs	long labs(long num);	计算 long 型整数 num 的绝对值	返回计算结果	
ltoa	char *ltoa(long n, char *str, int radix);	将长整数 n 的值按照 radix 进制转换为等价的字符串，并将结果存入 str 指向的字符串	返回一个指向 str 的指针	
rand	int rand();	产生 0 到 RAND_MAX 之间的伪随机数 RAND_MAX 在头文件中定义	返回一个伪随机（整）数	
random	int random(int num);	产生 0 到 num 之间的随机数	返回一个随机（整）数	
randomize	void randomize();	初始化随机函数，使用时包括头文件 time. h		

附录6

常见错误与程序调试

6.1　常　见　错　误

C 程序设计语言的功能强大,使用灵活方便,在实际应用中得到广泛的使用。对于有经验的 C 程序设计员可以编写出能够解决复杂问题的、运行效率高的、占内存少的高质量程序。但对于初学者往往容易出错,下面就常见的错误进行分析。

1. 在源码中遗失";"

调试器错误信息,例:syntax error：missing ';'。

2. 变量未定义就直接使用

C 要求对程序中用到的每一个变量定义其类型。调试器错误信息,例:error C2065：'i'：undeclared identifier。

3. 程序中使用中文标识符,如将英文";"错误输入成了";"

在 C++中,除程序注释可以采用中文外,其余字符要求使用英文。不少同学在建立工程或程序名称时也使用中文名称,建议改掉这种习惯。调试器错误信息,例:error C2018：unknown character '0xa3'。

4. 在使用输入输出流的时候错误使用了标示符">>""<<",例 cout >> a;

对于流操作的方向搞错是一个普遍错误,问题本来并不复杂。调试器错误信息,例:error C2676：binary '>>'：'class std::basic_ostream < char,struct std::char_traits < char >>' does not define this operator or a conversion to a type acceptable to the predefined operator。

5. 变量在赋值之前就使用

例:int a, b, c; c = a + b; cin >> a >> b;。

出现这种错误主要是对面向过程的程序执行没有理解。调试器错误信息,例:warning C4700：local variable 'a' used without having been initialized。

6. 在一个工程中包含多于一个的 main 函数

调试器错误信息,例:error C2084：function 'int_cdecl main(void)' already has a body。

7. 在函数定义的()后面使用分号

例：void chang()；

{...}

调试器错误信息，例：error C2447：missing function header (old-style formal list?)。

8. 函数声明/定义/调用参数个数不匹配

例：void chang(int a, int b, float c)

{...}

void main()

{ ...

    chang(3,4)；

}

调试器错误信息，例：error C2660：'chang'：function does not take 2 parameters。

6.2 程 序 调 成

在程序的开发过程中，大部分往往体现在程序的调试上。调试的步骤一般为：修正语法错误、设置断点、查看和修改变量的值、设置调试器。下面从这几个方面介绍 Visual C++ 6.0 的调试方法。

1. 修正语法错误

程序调试的最简单、最基础的任务就是修正一些语法错误，这些错误主要包括：

（1）未定义或定义不合法的标识符，如函数名或变量名等。

（2）数据类型或参数类型及个数不匹配。

上面的语法错误在程序编译后，会在 Output 窗口中列出所有的错误项，每个错误都给出其所在的文件名、行号及其错误编号。

为了能使用户快速定位到错误产生的源代码位置，Visual C++ 6.0 提供了下列一些方法。

（1）在 Output 窗口中双击某个错误，或将光标移到该错误处按"Enter"键，则该错误被亮显，状态栏上显示错误内容，并定位到相应的代码行中，且该代码行最前面有个蓝色箭头标志。

（2）按"F4"键可显示下一个错误，并定位到相应的代码行中。

（3）在 Output 窗口中，右击某个错误项，在弹出的菜单中选择 Go To Error/Tag 命令。

2. 设置断点

断点是调试器设置的一个代码位置。当程序运行到断点时，程序中断执行，回到调试器。断点提供了一种强大的工具，使开发者能够在需要的时间和位置挂起执行。与逐句或逐条指令地检查代码不同的是，可以让程序一直执行，直到遇到断点，然后开始调试，这大大地加快了调试过程。没有这个功能，调试大的程序几乎是不可能的。下面是通过快捷方式在程序中设置断点和清除断点的方式。

只要打开 C++的源代码文件，就可以用下面 3 种快捷方式设置断点。

（1）按功能键"F9"。

（2）在 Build 工具栏单击手形按钮，如图 A6-1 所示。

图 A6-1　Build 工具栏

（3）再次单击该按钮取消断点设置。在需要设置（或清除）断点的位置上右击，在弹出的菜单中选择 Insert（或 Remote Breakpoint）。

利用上述方法可以将位置断点设置在源代码中指定的一行上。一旦断点设置成功，则断点所在代码行的最前面的窗口页边上有一个深红色的实心圆点。

3.　单步执行调试程序

系统提供了多种单步执行调试程序的方法，可以通过单击调试（Debug）工具条上的按钮或按快捷键的方式选择多种单步执行命令。Debug 工具条如图 A6-2 所示。

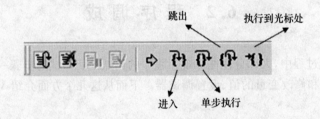

图 A6-2　Debug 工具条

（1）进入按钮（Step Into，F11）。每按一次"F11"键或按对应的图标，程序就执行一条无法再进行分解的程序行，比如当前执行的一行代码是函数的调用，按"F11"键，则会进到这个函数体里面继续执行。

（2）单步执行按钮（Step Over，F10）。每按一次"F10"键或按对应的图标，程序执行一行，Watch 窗口可以显示变量名及其当前值，在单步执行的过程中，可以在 Watch 窗口中加入所需观察的变量，辅助加以进行监视，随时了解变量当前的情况，如果涉及子函数，不进入子函数内部。

（3）跳出按钮（Step Out，Shift＋F11）。按键后，程序运行至当前函数的末尾，然后从当前子函数跳到上一级主调函数的调用处。

（4）运行到当前光标处（Run To Cursor，CTRL＋F10）。按键后，程序运行至当前光标处所在的语句。

4.　查看和修改变量的值

在开始进行程序的调试以后，调试器提供一系列窗口，用来显示各种不同的调试信息。当用户启动调试器后，Visual C＋＋ 6.0 的开发环境会自动显示出 Watch 和 Variables 两个调试窗口，并且 Output 窗口自动会切换到 Debug 页面，如图 A6-3 所示。

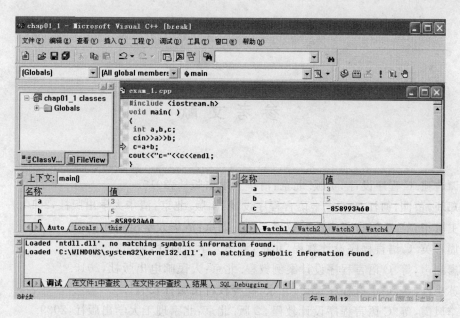

图 A6-3　默认的调试窗口

（1）Watch 窗口。在 Watch 窗口中，有 4 个 Watch 页面，在每一个页面中有一系列用户要查看的变量或表达式，用户可以将一组变量或表达式的值显示在同一个页面中。

（2）Variables 窗口。Variables 窗口能帮助用户快速访问程序当前环境中所使用的一些重要变量，它包括 3 个页面：Auto、Local 和 This。

Auto 页面显示当前语句和上一条语句使用的变量，它还显示使用 Step Over 或 Step Out 命令的返回值。

Local 页面显示出当前函数使用的局部变量。

This 页面显示出 This 所指向的对象。

每个页面均有 Name 和 Value 域，调试器自动填充它们。

参 考 文 献

[1]　谭浩强.C程序设计.4版.北京:清华大学出版社,2010.

[2]　郑莉,董渊,何江舟.C++语言程序设计.4版.北京:清华大学出版社,2010.

[3]　王敬华,等.C语言程序设计教程.2版.北京:清华大学出版社,2009.

[4]　周彩英.C语言程序设计教程.北京:清华大学出版社,2011.

[5]　廖湖声,等.C语言程序设计案例教程.北京:人民邮电出版社,2010.

[6]　苏小红,等.C语言程序设计.北京:高等教育出版社,2011.

[7]　李凤霞,等.C语言程序设计教程.2版.北京:北京理工大学出版社,2009.